DÉCOUVERTE

D'ETALONS JUSTES,
NATURELS,
INVARIABLES ET UNIVERSELS,

POUR *la Réduction à une parfaite uniformité de tous les poids & mesures partout*, PAR DES MOYENS SIMPLES, AVANTAGEUX A TOUT LE MONDE, ET FACILES A EXÉCUTER.

OUVRAGE, par lequel on démontre, qu'au moyen de *trois nouveaux étalons* qu'on indique, on pourra remplir les vues de toutes les mesures des longueurs, des intervalles, des continences & des pésanteurs, qui font en usage, au nombre de plus de 100 *mille*, & en connoître la juste valeur beaucoup mieux qu'actuellement, & qui, en rétablissant l'ordre de la nature concernant la réduction, la dénomination & le calcul des différens poids & mesures, qu'il simplifiera, ainsi que touchant la réduction *des mesures des tems*, pourra en même tems produire à chaque Royaume, Empire, République & Etat de l'Europe & du monde entier, où il fera exécuté, un nouvel objet de revenu affez confidérable.

Par M. COLLIGNON, Avocat en Parlement, & membre des Académies des sciences, arts & belles lettres dé Naples, de Lisbonne & de Munich; admis à celle de Montauban; des fociétés Royale patriotique de Suéde, Economique de Baviere, & d'autres.

PRIX 2 liv.

Avec Approbation & Privilège du Roi.

1788.

Je crois donc, Sire, qu'il importe à la prospérité de l'Etat que les talens distingués y soient excités & favorisés, d'autant plus qu'aujourd'hui soit que les hommes supérieurs soient rares, soit que les arts soient assez avancés pour qu'il devienne difficile d'élever la tête au dessus des rangs ordinaires, VOTRE MAJESTÉ ne sera obligée qu'à une très petite dépense, pour ménager à son Royaume tout l'Eclat qu'il peut tirer de la réunion des hommes célèbres. NECKER, dans son compte rendu au Roi.

A STRASBOURG

CHEZ L'AUTEUR, *rue de la Madelaine* N.° 9. bis au 2ème.

chez } LES FRERES GAY. }
LOUIS. } libraires, *sur la place d'armes.*

*d*VIENNE EN AUTRICHE }
.*d*ST. PETERSBOURG. } *chez* LES FRERES GAY.

à METZ   *chez*DEVILLY, libr.

à PARIS

chez POINÇOT, libraire, *rue de la harpe* N. 135.

DÉDICACE.

A MONSIEUR

LE COMTE DE SAPORTA,

Seigneur de Schwatzenacker, Bonnefontaine & autres lieux, Chambellan de l'Electeur Palatin de Bavière, Colonel aux Gardes & Chambellan de S. A. S. le Duc de Deuxponts.

———

Le livre que j'ai l'honneur de vous préſenter a pour objet de rendre tous les poids & meſures uniformes partout : le ſujet étoit aride, & extrèmement difficile à traiter : mais de quoi ne vient on pas à bout, lorsqu'à votre exemple, on eſt animé d'un véritable amour du bien de l'humanité ? Par l'exécution des moyens que je propoſe, chaque citoyen en particulier, & tous les peuples en général, pourront à l'avenir calculer tout ce qui a rélation aux poids & mesures plus facilement dans quelques inftans. qu'auparavant dans plufieurs heures ou jours. Le commerce fera affranchi de cette multitude d'entraves. d'abus. de tromperies & de défordres de toutes les efpéces, auxquels il étoit affujetti. Au moyen de 3 nouveaux étalons que j'ai inventé. & dont la dénomination fimple. facile & naturelle remplira les vues de plus de 100 mille, & beaucoup mieux, on ne fera plus une fcience miftérieufe & fort compliquée. de ce qui n'en exigeoit prefqu'aucune.

Voilà. Monfieur. en racourci, les avantages dont je veux faire préfent au monde. A ces titres. combien mon livre n'avoit-il pas de droit d'émouvoir la fenfibilité de votre ame, & d'être accueilli par vous?

Que* d'autres Seigneurs fe parent s'ils veulent des avantages de leur naiffance. ou de leurs grandes richeffes. Je dirai que ce font des titres foibles. que ceux dont on n'eft rédevable qu'à un bonheur inefperé ou au hazard. & de ne briller que du mérite fouvent équivoque de fes ayeux. Si tout cela n'eft pas accompagné du bien qne l'on fait. fi on n'encourage. fi on ne protége pas efficacement les talens. au moyen defquels. un feul homme opére fouvent plus d'avantage au monde. qu'il ne lui en revient des main d'œuvres de plufieurs millions d'individus. à quoi fert la grandeur de la pofition de ces Seigneurs ? A rien du tout. C'est en vain que, tout en regardant de leur haut les auteurs, & en négligeant ou méprisant les sciences, dont ils sont incapables de porter un jugement vrai & non paradoxal, ils bornent leur vie à étaler aux yeux tout le faste & le luxe de leur table, de leurs habillemens & équipages, & de leurs maisons & de ce qui en dépend : au fond, qu'est ce que tout cela ? égoïsme, frivolité & pur mensonge : ils veulent faire croire qu'ils nagent dans l'abondance & les délices, & ce n'est souvent rien moins que cela, si on regarde le revers, c'est-à-dire, si on met en ligne de compte les chagrins, les dégouts, & les noirs soucis. Où est celui des hommes qui, avec de semblables richesses, ne seroit pas en état d'en faire autant ?

Quant à vous, Monsieur, vous vous êtes élevé au dessus des préjugés, & de tout ce clinquant qui n'éblouit que les ignorans & les foibles. Quoique la naissance, le rang & la fortune vous ayent laissé peu à désirer, doué comme vous êtes d'une pénétration & d'une justesse d'esprit peu commune, ainsi que de toutes les qualités du cœur, l'appas séduisant de l'exemple ne vous à pas sçu entrainer. Vous bornés votre ambition au seul bien que vous faites, & vous n'avez attaché de véritable & solide gloire qu'à provoquer la justice & à faire connoître les talens & le mérite. Vous cultivés les sciences avec connoissance & avec goût, en même tems que vous charmés, par votre

bonté ; votre droiture & votre amabilité. Je
me félicite véritablement de pouvoir faire paroître sous les auspices d'un Seigneur aussi
accompli, un ouvrage, dont l'utilité ne sauroit
être équivoque, & de pouvoir vous assurer des
sentimens de l'inviolable attachement & du très
profond respect avec lesquels je suis.

Monsieur ;

Votre très-humble & très-
obéissant Serviteur.
COLLIGNON.

Préface de l'Auteur.

LE Public gémit, fur cette multitude de poids & de mefures de formes, de dimenfions & de noms fi différens qui font en ufage partout. Il attend depuis longtems un ouvrage qui indique des moyens fimples, naturels & praticables pour les réduire tous à une parfaite uniformité. Quoiqu'une grande quantité d'auteurs, qui ont exifté dans différens fiècles, ayent écrit fur cette matière épineufe, & y ayent échoué, nous n'avons pas craint de l'entreprendre; l'objet étoit affez important pour mériter l'attention de tout citoyen qui défire le bien. Après affez de récherches infructueufes à cet égard, nous fommes enfin parvenu à accorder nos idées; nous nous empreffons d'en faire part au Public, & de lui faire le préfent de nôtre découverte.

Tous les peuples font fans contredit intereffés à ce que tous les poids & mefures foient rendus uniformes; cette uniformité dans tous les Etats de l'Europe

& des autres parties du globe de la terre, sera sans contredit aussi avantageuse à la France, qu'elle le sera pour le monde entier si elle vient à être exécutée dans l'étendue de la Monarchie françoise. Si c'est la volonté & le bon plaisir *des personnes augustes*, que les peuples ont constitués pour les régir & les rendre heureux, de donner la sanction nécessaire à nôtre travail, ils ne tarderont pas de jouir de cet avantage.

Il est bien naturel que, quiconque à bien mérité de la société, en retire aussi quelque fruit. Comme cet ouvrage pourra rapporter à tous les Etats des sommes considérables, proportionnellement à leur grandeur, à leur population & à la quantité plus ou moins forte du numéraire de chacun, nous n'oserions penser, que tant de Souverains généreux & respectables qu'il y a, voudront se réfuser d'accorder à l'inventeur la foible petite portion que nous avons indiquée, des sommes qui leur en reviendront annuellement, & qui paroît lui être dûe à si juste titre.

Quoique nous ayons taché de donner à nos raisons toute la solidité possible, nous sommes bien éloigné de penser que

notre ouvrage fera à l'abri de la contra-
diction; il aura cela de commun avec
tant d'autres; nous croyons pouvoir déclarer ici, que dans la rédaction, nous
n'avons confulté que le bon ordre général, & la vérité. S'il y a des perfonnes
foit en France, foit en Allemagne, en
Angleterre ou dans les autres pays, qui
ayent des doutes fur le fond, ou fur aucune de fes difpofitions, nous ne leur
interdifons pas une jufte cenfure. *Qu'ils
nous propofent leurs objections* par la voye
des journaux, *en fe nommant*, parceque
nous ne pouvons admettre ce qui eft
anonime, *& nous nous empresserons d'y
répondre ?* Nous avons adopté en cela
les principes d'un grand Monarque, ma-
nifeftés dans les premieres conftitutions
d'un régne qui feroit peut-être auffi glo-
rieux qu'on en ait vû, fi avant de donner
celles de fes nouvelles loix qui réform-
ment des véritables abus & des préjugés
nuifibles, il les avoit fait précéder *par de
bons livres, compofés par les meilleurs auteurs* afin de foumettre ces matières in-
téreffantes *à la difcufion publique*, & de
préparer fes peuples à les recevoir. Le fuccès des opérations des fouvérains *dépend
de l'opinion du public*, particulièrement

de celle des grands auteurs, gens de bien
qui font les défenseurs naturels &
les nobles interprêtes, *plus qu'on ne pense*.
Nous ne craignons pas de soutenir les différentes thêses que nous avons établies
dans cet ouvrage, *devant la France & devant l'Europe & le monde entier*. Nous esperons de faire voir par les réponses que
nous ferons, que la vérité de ce que
nous avons dit, ne fera que se confirmer
& se montrer dans un plus grand jour.

Peut-être nous taxera-t-on d'inexac-
titude dans la juste consistance, dans le
nom de quelques uns des poids & mesures que nous avons cité, ou bien dans
quelques calculs; nous avons taché de l'é-
viter autant qu'il nous a été possible.
Nous prions nos lecteurs de considérer,
pour ce qui touche le premier & le second objet, que, dans l'impossibilité ou
nous avons été de vérifier par nous même
les poids & mesures qui font en usage
dans tant de pays divers, ça été moins
notre faute que celle des sources ou nous
avons pu les puifer; & pour ce qui
touche le troisième, nous dirons que
nous y avons donné une scrupuleuse attention; si malgré cela, il nous est échappé quelqu'erreur, on considérera que cet

ouvrage n'est destiné qu'à tracer la voye qu'il faut tenir. Nous croyons, pouvoir affurer que les calculs des principaux étalons font exacts. Au furplus on fentira en général facilement, que ce n'est pas la tranfcription imparfaite de quelques noms ou mots barbares, & de quelques abus plus ou moins grands qui en réfultent, qui est capable de rien ôter au mérite de nôtre plan, qui au fond n'en reftera pas moins intact & à l'abri des atteintes.

Nous nous fommes efforcé d'être clair & méthodique; nous avons évité, autant qu'il nous à été poffible, ces manières de s'exprimer ambigues, obfcures, énigmatiques, qui font étrangères à la plûpart des lecteurs, & par lefquelles ils font bientôt rebutés, principalement par le défaut d'ordre, de faire une lecture fuivie d'un ouvrage, auquel, vû l'importance du fujet, ils n'auroient pas manqué de prendre le plus grand interèt, s'il ne leur avoit fouvent coûté trop de peine pour le bien comprendre. Ainfi, l'on ne verra pas dans cet ouvrage, cette confufion fi ordinaire de nos jours, de toutes fortes de matières bonnes & mauvaifes fur le fait des poids & des mefures, & femées de plus de paradoxes encore que de vérités, ni ces termes prefqu'inintelligibles de géomêtrie, d'aftronomie, d'architecture, de médecine ou d'algêbre, dérivés du latin, du grec, ou de l'hebreu, confacrés par l'ufage, & trop difficiles à entendre.

Nous avons jugé à propos de donner à notre ouvrage une forme, telle que, moyennant quelques legeres variations rélatives à la forme de Gouvernement établie dans chaque Etat, *il fera affez facile de l'adapter* aux différentes Monarchies, Républiques & Souvérainetés grandes & petites que ce puiffe être, de l'Europe & du monde entier.

Il pourra bien arriver, qu'au lieu de raifons, les cenfures dont nous avons fait mention, ne contiendront comme cela eft fi ordinaire de nos jours, que *des injures :* mais nous déclarons qu'alors, fi nous y répondons, ce ne fera que pour les vouer au jufte mépris qu'elles mériteront.

Il ne nous refte plus qu'à demander la bienveillance du Public : nous nous y attendons avec d'autant plus de confiance, qu'il lui fera facile d'appercevoir que nous n'avons travaillé que pour fon plus grand

avantage. C'eſt avec autant d'empreſſe-
ment que de vérité, que nous déclarons, que nos veilles & nos travaux les
plus aſſidus lui feront INVARIABLEMENT
CONSACRÉS.

APPROBATION.

N.º 318.

J'ai examiné par ordre de Monseigneur le Garde des Sçeaux un manuscrit intitulé: *Découverte d'Étalons justes, naturels, invariables de tous les poids & mesures &c.* & je n'y ai rien trouvé qui en doive empêcher l'impression. A Paris le 20 Avril 1785.

DE LA LANDE,
Censeur Royal.

PRIVILÈGE GÉNÉRAL.

LOUIS, PAR LA GRACE DE DIEU ROI DE FRANCE ET DE NAVARRE : A nos amés & féaux Conseillers, les Gens tenants nos Cours de Parlement, Maîtres des Requêtes ordinaires de notre Hôtel, Grand Conseil, Prévôt de Paris, Baillifs, Sénéchaux, leurs Lieutenants Civils, & autres nos Justiciers, qu'il appartiendra : SALUT. Notre bien amé le Sr. Collignon, Nous a fait exposer qu'il désireroit faire imprimer & donner au Public un ouvrage intitulé, *découverte d'étalons justes, naturels, invariables & universels & de la réduction à une parfaite uniformité de tous les poids & mesures partout, par des moyens simples avantageux à tout le monde & faciles à exécuter; ouvrage par lequel &c.* S'il Nous plaisoit lui accorder Nos Lettres de Privilége pour ce nécessaires. A CES CAUSES voulant favorablement traiter l'Exposant, Nous lui avons permis & permettons par ces Présentes, de faire imprimer le dit ouvrage autant de fois que bon lui semblera, & de le vendre, faire vendre & débiter par tout Notre Royaume; Voulons qu'il jouisse de l'effet du présent Privilége, pour lui & ses hoirs à perpétuité. pourvu qu'il ne le rétrocede à personne; & si cependant il jugeoit à propos d'en faire une cession, l'acte qui la contiendra sera enregistré en la chambre Syndicale de Paris, à peine de nullité, tant du Privilége que de la cession. & alors, par le fait seul de la Cession enregistrée, la durée du présent privilége sera réduite à celle de la vie de l'Exposant, ou à celle de dix années, à compter de ce jour, si l'exposant décede avant l'expiration desdites dix années, le tout conformément aux articles IV & V. de l'Arrêt du Conseil du 30 Août 1777. portant Réglement sur la durée des Priviléges en Librairie; FAISONS défenses à tous Imprimeurs, Libraires & autres personnes de quelque qualité & condition qu'elles soient, d'en introduire d'impression étrangere dans aucun lieu de Notre obéissance; comme aussi d'imprimer ou faire imprimer, vendre, faire vendre, débiter ni contrefaire le dit ouvrage, sous quelque prétexte que ce puisse être, sans la permission expresse &, par écrit du dit Exposant, ou de celui qui le représentera, à peine de saisie & de confiscation des Exemplaires contrefaits, de six mille Livres d'amende, qui ne pourra être modérée, pour la premiere fois; de pareille amende & de déchéance d'état en cas de récidive, & de tous dépens, dommages & intérêts, conformément à l'Arrêt du Conseil du 30 Août 1777, concernant les contrefaçons. A LA CHARGE que ces Présentes feront enregistrées tout au long sur le Régistre de la Communauté des Imprimeurs & Libraires de Paris, dans trois mois de la date d'icelles; que l'impression du dit ouvrage sera faite dans Notre Royaume & non ailleurs, en beau papier & beaux caractéres, conformément aux Réglemens de la Librairie, à peine de déchéance du présent Privilége, qu'avant de l'exposer en vente, le Manuscrit qui aura servi de copie à l'impression du dit ouvrage, sera remis dans le même état où l'Approbation y aura été donnée, ès mains de Notre très-cher & féal Chevalier, Garde des Sceaux de France, le Sr. HUE DE MIROMESNIL, Commandeur de Nos ordres; qu'il en sera ensuite remis deux Exemplaires dans Notre Bibliothéque publique, un dans celle de Notre Château du Louvre, un dans celle de Notre très-cher & féal Chevalier, Chancelier de France, le Sr. de MAUPEOU, & un dans celle du dit Sr. HUE DE MIROMESNIL, Le tout à peine de nullité des Présentes; DU CONTENU desquelles vous

━━━━━

MANDONS & enjoignons de faire jouir ledit Expo-
fant & fes hoirs, pleinement & paifiblement, fans
fouffrir qu'il leur foit fait aucun trouble ou empê-
chement. VOULONS que la copie des Prefentes, qui
fera imprimée tout au long au commencement ou à la
fin du dit ouvrage, foit tenue pour dûment fignifiée,
& qu'aux copies collationnées par l'un de Nos amés &
féaux Confeillers-Secrétaires, foi foit ajoutée comme à
l'original. COMMANDONS au premier Notre Huiffier
ou Sergent fur ce requis, de faire pour l'exécution
d'icelles, tous actes requis & néceffaires, fans demander autre permiffion, & nonobftant clameur de Haro,
charte Normande, & Lettres à ce contraires. CAR
TEL EST NOTRE PLAISIR. DONNÉ à Paris le vingt
deuxième jour du mois de Juin, l'an de grace mil fept cent
quatre-vingt cinq, & de Notre Regne le douzième.

Par le ROI, en fon Confeil.

Signé LEBEGUE.

*Régiftré fur le Régiftre XXII de la Chambre Royale
& Syndicale des Libraires & Imprimeurs de Paris,
No. 318. fol. 948, conformément aux difpofitions énon-
cées dans le préfent Privilège; & à la charge de remettre à la dite Chambre les neuf Exemplaires pre-
fcrits par l'Arrêt du Confeil du 16. Avril 1785. à
Paris le fept Novembre 1785.*

Signé, FOURNIER,

Adjoint.

━━━━━

LA RÉDUCTION
A L'UNIFORMITÉ
DE TOUS LES POIDS
ET
MESURES.

PERSONNE N'IGNORE, combien il feroit utile qu'il n'y ait partout qu'un poids & une mefure, c'eft-à-dire qu'ils foient rendus uniformes dans tous les Royaumes, Empires, Républiques & Etats de l'Europe & de l'Univers. Les avantages qui en réfulteroient pour l'Agriculture, le Commerce, les Manufactures, l'Induftrie, les Arts, & généralement pour les citoyens de toutes les profeffions, feroient fans contredit immenfes. La découverte d'Étalons juftes, naturels & fixes, propres à fervir facilement de régle pour tous les pays feroit donc une chofe bien précieufe; elle eft déja l'objet des vœux ardens de tout le monde; elle ne contribueroit pas peu à l'avancement des fciences & des arts. Tous les Gouvernements attentifs à faire le bien des citoyens ont paru défirer & favorifer cette découverte dans tous les tems; il eft à préfumer que fous des régnes éclairés, comme le font ceux de la plûpart des Souverains & Potentats des nations policées, qui tâchent de fe diftinguer par la juftice, la bienfaifance & l'ordre, elle ne fera pas moins favorifée & accueillie; elle pourra d'ailleurs devenir pour chaque État, grand & petit, la fource d'un revenu affez confidérable. Ce n'eft pas moins

A

qu'un objet auffi important que nous allons entreprendre, & qui va faire le fujet de cet ouvrage.

Nous ne croyons pas devoir nous étendre beaucoup fur l'origine & l'hiftoire des poids & mefures, ainfi que fur leurs noms, leur ftructure & les différentes variations qu'ils ont éprouvé dans divers fiècles, puifque ce font à peu-près les mêmes principes qui les ont fait établir dans les divers pays du monde, & qu'ils ont été infectés par les mêmes abus. Nous voulons nous ménager une place tant pour fixer ces Étalons, que pour développer nos moyens, ainfi que pour tout ce qui peut concerner la prompte exécution de toutes chofes ; car à quoi ferviroit-il de connoître la fource du défordre, fes noms, fes caufes, ou la plûpart de fes effets, fi on ne s'occupoit en même tems des moyens d'y remédier ? agir différemment, ce feroit imiter un médecin qui s'épuiferoit au pied du lit d'un malade en vains raifonnements fur l'origine, les fimptômes & les progrès de fa maladie, & qui le laifferait mourir faute de rechercher les remèdes qui lui font propres, ou faute de les lui adminiftrer.

Il eft inconteftable, que c'eft à l'origine du monde, au commencement des fiècles qu'on doit rapporter l'origine des poids & mefures ; dès que le premier homme eut reçu l'empreinte de fon divin créateur, dès qu'il fut animé par le fouffle de la vie, il a commencé à pefer, & à mefurer les longueurs & les tems. Voir, fentir, toucher, tous les actes de fa perception ne furent pour ainfi dire autre chofe. Il eft fuffifamment connu qu'il leur a auffi donné différens noms ; il feroit fuperflu de rapporter les paffages & les preuves de chofes qui font connues de tout le monde, & que perfonne fans doute ne nous contestera.

Le genre humain s'étant multiplié, les différentes néceffités des peuples qui le compofoient fe multiplierent dans la proportion, ainfi que celles de chaque individu. Cela donna lieu, bien avant la convention générale qui existe encore aujourd'hui de la réprésentation des productions de la terre & des denrées & marchandises par l'or & l'argent à des échanges, pour lesquels il fallut de plus en plus se servir de poids & de mesures. Ces objets acquirent de nouveaux noms, & des formes particulières suivant les nations, les tems, les lieux & les circonstances. Tantôt les vaincus furent obligés par les effets de la conquête d'adopter les loix, les usages, les mœurs, les poids & les mesures des vainqueurs; tantôt il arriva que les vainqueurs les reçurent des vaincus. Les bornes que nous nous sommes prescrit dans ce mémoire ne nous laisseront pas citer des exemples, puisqu'il y en a mille qui sont connus de chacun.

Nous passerons rapidement sur ces tems qui existerent depuis la création du monde jusqu'à la conquête des pays qui composerent l'Empire romain. Les évènemens des tems réculés sont souvent rapportés par les historiens d'une manière si vague, si ridicule, si exaltée, & même, on peut le dire, si contradictoire, qu'on a bien de la peine à distinguer le vrai d'avec le fabuleux.

Sans vouloir nous épuiser en vains raisonnements à cet égard, nous dirons qu'il n'est pas douteux que ces vainqueurs du monde, n'introduisirent quantité de coutumes & d'usages qui ont encore lieu parmi nous, & que les poids, les mesures, les pieds, les aunes & les balances qu'ils nous apporterent, n'influerent singuliérement sur tous ceux qui sont en usage de nos jours.

Nous croyons que l'origine des poids & mesures qui sont actuellement en usage dans la plûpart des pays de l'Europe, particuliérement en France & en Allemagne, ainsi que dans une partie de l'Asie & de l'Afrique, peut être rapporté aux époques de la décadence de l'Empire romain, & à ces tems d'anarchie qui existerent, où chaque Seigneur, chaque Capitaine de troupes devint le maître de la contrée qu'il habitait, dont il s'était

emparé, où qu'il avait reçu en recompenfe de fes
fervices.

Lorfque les villes ou d'autres endroits s'affran-
chirent pour vivre fous la forme républicaine il
s'y introduifit également différentes loix & coutumes; celles concernant les poids & mefures en
firent partie; lorfqu'un même endroit fe trouva
fous la domination de plufieurs maitres, ils fubi-
rent des variations analogues, & fuivant les jurifdiction dont une ville, bourg, ou village dépen-
dait, il arriva qu'il y fut établi jufqu'à deux &
trois fortes de poids, de mefures, d'aunes, de
pieds, & fouvent plus; c'eft pour cela qu'on voit
encore aujourd'hui tant d'ufages ridicules partout.

Nous nous permettrons de citer un exemple qui
nous a été rapporté dans un petit village de la
province de Champagne. Il eft trop frappant pour
ne pas mériter ici une place.

Ce village étoit compofé de 15 à 16 maifons
au plus, pour ne pas dire de 15 à 16 miférables
chaumières. Il s'y trouvait trois fortes de pintes
en ufage, quoique la mefure, c'eft-à-dire la hotte,
comme on l'appelle dans le langage du pays, fut
la même. Il falloit pour la completter 18 groffes
pintes, 20 moyennes, & 22 petites. La fingu-
larité rémarquable, la voici. C'eft que la petite
pinte ne fe vendait pas moins au même prix que
la moyenne & la groffe; la différence peu grande,
& cependant très-fenfible, en avait fait ainfi établir la vente. Les étrangers y prenoient à coup
fur le change & étoient trompés; s'ils parvenoient
à en avoir connoiffance, on leur alléguoit, quoique fouvent contre la vérité, que le vin de petite mefure était meilleur que celui de moyenne
où de groffe. Ce que nous venons de dire de
cet endroit doit s'appliquer à des milliers d'autres. Mais il eft à propos de nous expliquer plus
en détail fur les défordres qui exiftent touchant
les différens poids & mefures. Nous parlerons
particuliérement de ceux de France, pour nous

être mieux connus, en paffant d'avantage les détails fur ceux des autres pays. Les défordres à cet égard font à peu près les mémes dans tous les Royaumes, Empires, Républiques & États de l'Europe & de l'Univers, où il n'y a pour ainfi dire de différence que par les noms.

Nous n'arréterons pas quant à préfent l'attention du lecteur par la citation des poids & mesures qui étoient en ufage chez les anciens, tels que chez les Romains, les Grecs, les Hébreux, les Egyptiens, les Babyloniens, & chez d'autres peuples femblables, dont les monarchies n'existent plus, où même chez les françois, les allemands, les Anglais & dans d'autres monarchies encore fubfiftantes, mais qui ne font plus en ufage pour étre tombés en defuétude, puisqu'ils augmenteroient ce livre en pure perte de moitié; nous en dirons néanmoins en peu de mots cy-après ce qui paroîtra convenir.

Et d'abord, pour procéder avec ordre, il eft à propos de venir à la divifion des poids & mesures.

Nous divifons les mesures qui font actuellement en ufage en diverfes efpèces, favoir: *1.º en mesures des tems; 2.º en mesures longues; 3.º en mesures creufes ou de continence pour les matières liquides. 4.º en mesures rondes ou de continence pour les chofes fèches. 5.º enfin, en poids.* Nous paffons à leur détail.

1.º Les mesures des tems, qui confiftent dans la durée de la révolution que le foleil paroît faire en un jour & en une nuit; ou pour mieux dire, que la terre fait autour de fon axe, & des divifions & multiplications de cette durée, font favoir:

Pour les divifions, le jour, qui fe divife en 24 heures; l'heure, qui fe divife en 60 minutes; la minute en 60 fecondes; la feconde en 60 tierces, la tierce en 60 quatierces, & ainfi du refte.

Et pour les multiplications, la femaine, le mois, l'année folaire & lunaire, le luftre, le fiècle.

Il ne fera pas beaucoup queftion dans cet ouvrage de ces dernières mefures, dans la dénomination desquelles nous ne voyons guères ce qu'il y auroit à corriger & à perfectionner ; mais nous nous attacherons principalement aux premières, c'eft-à-dire aux divifions des tems.

La mefure des tems, confidérée comme l'espace que parcourt le foleil autour de la terre, ou plutôt la terre autour de fon axe, dans un intervalle fixe, fe divife auffi en cercle de 360 dégrès, en minutes de 60 au dégré, en fecondes de 60 à la minute, en tierces de 60 à la feconde, & en quatierces de 60 à la tierce.

Il eft certain que la manière de nombrer tant ces premieres que ces dernieres mefures, eft très compliquée dans tous les pays & fujette à bien des peines & des calculs, lorsqu'on veut favoir la proportion des parties du jour à l'efpace qu'à parcouru le foleil dans le même tems.

Le jour commence dans des pays à minuit ; dans des autres, au commencement que le foleil paroit fur l'horifon ; dans des autres à midi ; & dans des autres au coucher du foleil.

Les heures ne font pas partout les mêmes ; dans des endroits, le jour n'eft pas divifé en 24 heures, mais en 12 heures, & la nuit auffi en 12 heures. Ainfi dans un pays, on dit, à neuf, dix, onze heures ; & dans un autre, comme par exemple en Italie, on dit à la dixneufième, à la vingtième, à la vingtdeuzième heure.

Les Mahométans & les juifs divifent les heures en 12 parties à proportion de la durée du jour & de la nuit, enforte qu'elles font prefque toujours inégales.

L'inuniformité qui exifte à l'égard des heures, quoiqu'elles foient un peu mieux réglées en Europe que dans les autres parties du monde, eft à peu près la même pour *les minutes, les fecondes,*

les tierces, & les quatierces d'heures ; ainsi, ce qui
est mal établi dans le principe, l'est encore dans
toutes ses conséquences.

Quoique la division du tems que le soleil employe à faire sa circonférence se divise *en 360 dégrés, le dégré en 60 minutes, la minute en 60
secondes, & la seconde en 60 tierces,* division
qui paroit avoir quelques avantages, elle n'est
pas à l'abri des inconvéniens, surtout lorsqu'il
s'agit de calculer chacune de ces mesures, & de
les adapter aux intervalles du cours du soleil. On
aura lieu de voir que la division décimale que
nous substituons à la sexagésimale, rendra toutes
les supputations. surtout suivant la manière dont
nous en proposons l'usage, infiniment plus courtes,
plus faciles, & moins sujettes à des erreurs.

2.° *Les mesures longues,* qui sont en général celles par lesquelles on détermine l'intervalle,
la surface & les dimensions des corps, où la distance des lieux, se sousdivisent en trois espèces,
savoir : *en mesures longues d'interval es,* en mesures *longues itinéraires,* & en mesures *longues
quarrées, & cubes ou solides.*

Il y a en France une grande quantité *de mesures longues d'intervalles,* savoir, le point ; la
ligne, le pouce, le pied, l'aune, le pas, la toise,
la perche & d'autres ; ces mesures différent souvent d'une ville où d'un lieu à un autre, & celles
qui portent un même nom sont aussi quelquefois
d'une longueur différente dans un même endroit.

C'est encore une question si on doit diviser *le
pied de Roi, ou du châtelet de Paris* en 12 pouces,
qui ont chacun 12 lignes, & les lignes ayant chacune 12 points, *faisants en tout* 1728 *points ;*
ou bien si on doit le diviser en 12 pouces de 12
lignes ayant chacune 11 points, *faisants en tout*
1584 *points ;* où enfin si on ne doit diviser les
lignes qu'en dix points ou parties, qui feroient
pour le pied entier de Paris 1440 *points.* L'inconvénient qu'il y a de connoître la quantité

jufte de plufieurs chofes importantes, où on ne
mefure que par les points, comme par exemple
les dimenfions juftes de quelques particules d'or,
d'argent, d'eau, de firop, de liqueurs, de pierreries, & d'autres matières précieufes & importantes eft affez fenfible.

On nomme communément *pied de Lorraine*
celui qu'on diftingue dans la même province du
pied de vitrier, du pied d'architecte, du pied de
Roi, du pied de mefure des pierres de taille dans
les carrières & d'autres.

Le pas ordinaire n'a que deux pieds & demie,
mais *le pas géométrique* en a cinq.

La toife qui eft ordinairement de fix pieds à
Paris eft de 10 pieds en Lorraine; elle diffère à
peu près dans la même proportion dans les autres
pays & endroits.

La perche ordinaire contient à Paris 18 pieds,
mais pour les bois & pour les travaux royaux
elle a 22 pieds. Elle a encore dans d'autres endroits & pays de la France depuis 18, 19, 20,
22, 24, 25 jufqu'à 28, pieds.

Chaque ville ou chaque endroit en France a
une anne particulière fervant à mefurer les étoffes
de foye, de laine, les rubans, les toiles & les
autres marchandifes. L'aune contient à Paris *3 pieds
8 pouces 8 lignes du pied de Paris*; elle diffère de
la plûpart de celles des autres villes du royaume
& des pays étrangers, qui font qualifiées de toutes fortes de noms, comme *d'aune, de cadée,
de burre* & d'autres noms en France; *de canne &*
d'autres noms à Naples; *de braffe*, à Vénife, à
Florence, à Milan; *de raze* en Piémont; *de
picht* en allemagne; *d'arcin, de coudée* en Ruffie;
de Cavidos en Portugal; *de vare* en Efpagne;
de verge en Angleterre; *de pied* en Turquie; *de
cobre* en Chine; *de Gueze* en Perfe; *de cando*
dans le Pegu & à Goa, *de Ken* à Siam; *de pan*
en Guinée, & de mille autres dénominations.
Ces mefures ont toutes plus ou moins de longueur

suivant les pays & les endroits, quoiqu'elles portent souvent le même nom.

En Angleterre, en Allemagne, en Italie, en Hollande, en Suisse, en Espagne, en Portugal, en Piemont, en Prusse, en Pologne, en Dannemarc, en Suéde, en Russie, en Turquie, & dans les autres pays tant de l'Europe que des autres parties du monde, presque toutes les mesures longues d'intervalles, ainsi que les mesures itinéraires, quarrées, cubes & solides dont il sera parlé cy-après, lesquelles sont distinguées par divers noms fort singuliers, diffèrent entr'elles à peu-près comme en France ; on en jugera par la différence du pied ou de la mesure qui y répond dans chaque ville ou pays d'avec le pied de Paris ; d'ou il sera facile de conclure que l'étalon du pied étant différent dans chaque pays, toutes les autres mesures longues, qui sont ses augmentations ou ses diminutions, ne peuvent que différer infiniment entre-elles à proportion.

Le pied de Paris étant supposé de 1440 *points ou parties*, les pieds cy-après sont dans sa proportion comme il suit, savoir:

Parties.		*Parties.*
Le pied de Roi ou de Paris 1440		Le pied de Londres. 1350
— d'Amsterdam 1258		— de Naples . 1169
— d'Augsbourg 1313		— deNuremberg 1347
— de Bavière . 1280		— de Palerme. 1073
— de Cologne . 1220		— de Prague . 1338
— deConstantinople ... 3140		— de Rome . 1329
— deDannemark 1404		— de Savoye . 1440
— de Dantzig . 1272		— de Strasbourg .. 1283
— de Genes .. 1313		— de Suéde.. 1316
— deHalle enSaxe1320		— de Vienne en Autriche. 1400
— de Leyde, ou du Rhin . 1390		⎰ — des Grecs . 1350
— de Leipsig . 1397		⎱ — desRomains 1306
— de Lisbonne 1396		⎰ — desHébreux 1590

Les mesures longues itinéraires sont les *lieues*
de france, les *milles* d'Allemagne, d'Angleterre,
d'Italie, de Turquie & de divers pays; les *parasangues* des Perses; les *lys* de la Chine & du Japon; les *cosses* de l'Indostan; les *verstes* de Russie,
les *dégrès*, & d'autres. Ces mesures peuvent se
quarrer & se multiplier par elles mêmes comme
les suivantes pour en avoir la surface. Elles différent aussi beaucoup entr'elles, & souvent dans
le même pays quoiqu'elles portent la même dénomination; ainsi, il y a en France les lieues de
Beauce, qui sont de 1700 toises; les lieues de
Paris qui sont de 2000; les lieues communes de
France qui sont de 2282; ou de 25 au dégrè ;
les lieues du Lyonnois qui sont de 2450 toises,
de Bourbonnois qui sont de 2500 toises, les lieues
marines qui sont de 2853 toises; les lieues de Provence qui sont de 3000 toises.

Les lieues communes d'Espagne sont de 15 au
dégrè , mais les lieues marines de 17$\frac{1}{2}$ au dégrè ;
les lieues ordinaires de Suede sont à peu-près de
12 au dégré; de Prusse à peu près de 16 au dégrè ; de Pologne, à peu près de 21 au dégrè; des
pays bas de 20 au degré.

Les milles d'Allemagne sont les petits, les moyens & les grands, parmi quantité d'autres, tels
que ceux du palatinat, ceux de Souabe, ceux de
Bavière, ceux de Hesse & d'autres; ils sont ordinairement de 15 au dégrè, mais ils varient plus
ou moins suivant les pays. Les milles communs
d'Italie sont d'environ 60 au dégré. Les milles
marins de la méditerrannée de 75 au dégré; les
milles communs d'Angleterre de 48 au dégré; les
milles communs de Pologne de 20 au dégré; les
milles de Turquie de 62 au dégré, les milles de
Hongrie de 12 au dégré; les parasangues de Perse
de 19 moins $\frac{2}{9}$èmes au dégré; les lis de la Chine
de 250 au dégré & les pu de 25 au dégré; les
cosses de l'Indostan de 40 au dégré; les gos de
l'Inde de 12$\frac{1}{2}$ au dégré; les verstes de Russie de

80 au dégré; ces derniers se divisent en sazen, en archines & en pieds; il en est à peu-près de même des autres pays tant de l'Europe que des différentes parties du monde.

Quoique les lieues, les milles, les parasangues, les verstes & les autres mesures itinéraires se comptent à tel nombre pour un dégré, il n'y a rien de moins fixe que cette mesure du dégré dans tous les pays du monde, non plus qu'en France. Le dégré étant la 360e. partie du cercle, ou de la circonférence de la terre, tous les dégrés doivent être égaux; cependant, suivant qu'on les suppute, il n'y a rien de plus inégal; les uns ont porté le dégré à 25 lieues de terre de 2282 toises chacune, faisant 57,050 toises; les autres à 28 lieues de mer de 2283 toises chacune, faisant 57,060 toises; d'autres à 56,979, à 56,753, à 57,040, à 57,084, à 57183 & enfin à 57422 toises de Paris, ou autrement; par conséquent l'espace d'une minute, qui est la 60e partie d'un dégré; d'une seconde qui en est la 3600e; d'une tierce qui en est la 21,600; & d'une quatierce qui est la 1,296,000e partie, n'est pas moins incertain; en effet, l'espace d'un dégré de la terre n'étant pas fixé dans son principe, il ne peut qu'en résulter des erreurs dans toutes les conséquences.

Les mesures longues quarrées, cubes ou solides, sont toutes les mesures que nous avons détaillé ci-devant, & celles que nous détaillerons encore ci-après, lorsqu'elles sont multipliées par elles-mêmes; particuliérement les arpens, les acres, les journaux, les setiers; les saumées, les fauchées, les cubes, les cilindres, les cônes, les prismes, les piramides, les parallelipedes, les sphères & tous les solides en général. Il est certain que comme les mesures longues d'intervalles tels que les pieds, les pas, les toises, les perches diffèrent beaucoup entr'elles, leurs quarrés, leurs cubes ou autres figures solides ne doivent pas différer moins, non plus que les arpens, les acres, les journaux & les autres mesures d'arpentage, qui ne sont qu'un ré-

fultat de la multiplication de ces premieres ; ainſi
l'arpent ordinaire de Paris contient cent perches
quarrées de 18 pieds l'une faiſant 900 toiſes de
ſuperficie ; mais l'arpent de Paris pour les eaux
& forêts à 100 perches quarrées de 22 pieds l'une,
qui font en ſuperficie 1344 toiſes & $\frac{4}{9}$emes.

L'arpent de Lorraine a 25 toiſes de Lorraine de
longueur ſur 10 de largeur faiſants 250 toiſes de
Lorraine ; il faut $2\frac{1}{2}$ arpens moins une verge 6
pieds trois pouces pour faire un arpent de France.

L'acre de Normandie eſt de 160 perches quarrées l'un ; l'acre d'Angleterre, qui eſt formé par
des rodes, des poles, des paces, des yard à 43,560
pieds anglais quarrés, ou environ 1135 toiſes meſure de Paris.

Le journal de Bourgogne eſt de 360 perches
quarrées qui ont chacune $2\frac{1}{2}$ pied de longueur, &
il a $900\frac{1}{4}$ toiſes de l'arpent de Paris en ſuperficie.

Le rubbio de Rome eſt de 4866 toiſes quarrées
de Paris. Le journal de Turin eſt de 100 toiſes
$\frac{4}{10}$emes, & le moggio de Naples de 887 toiſes de
Paris ; ce dernier eſt formé par différentes diviſions, & varie beaucoup ſuivant les différentes provinces. Il en eſt à peu-près de même de l'arpent & des meſures quarrées de tous les pays
mentionnés & des autres.

Pour ce qui concerne les meſures cubes, cilin-
driques, piramidales, ſphériques & les autres meſures ſolides, elles ſont partout les mêmes, avec cette
ſeule différence qu'on a ſouvent bien de la peine
à en connoître la valleur & les élemens, parceque
les autres meſures longues qui en forment la baze,
ſont elles mêmes fort difficiles à réduire. Nous
venons aux meſures creuſes ou de continence pour
les matières liquides.

3.° *Les meſures creuſes ou de continence*
pour les matières liquides, dont on ſe ſert
pour fixer la quantité de ces matières, ne ſont pas

en moins grand nombre, & assujetties à moins de
variations & de changemens que les mesures longues, suivant les pays, les villes & les endroits.

A Paris, la roquille où le poisson contient six
pouces larges cubes où environ, le demi septier
deux roquilles; la chopine deux demi septiers; la
pinte deux chopines, la quarte où le pot deux
pintes, le septier quatre pots, une feuillette 18
septiers; un muid deux feuillettes; ou bien 300
pintes ou 150 quartes marc & lie; ou enfin 280
pintes où 140 quartes vin clair.

La demi queue d'Orléans contient 30 septiers,
ou 240 pintes; la demi queue de Beaune 28 septiers & 6 pintes; la demie queue de Champagne
24 septiers; le tonneau à Bordeaux contient 864
pintes, & à Orléans 576 pintes. La millerolle de
Toulon pese 130 livres & contient environ 66
pintes mesure de Paris. On compte à Montpellier
& dans le bas Languedoc par muid de 18 septiers
ou de 576 pichés. Les futailles de Montpellier
sont d'une jauge différente, puisqu'il y a des muids
qui contiennent davantage les uns que les autres.

A Amsterdam, les mesures des liquides sont les
mingles, les firtels ou verges, les steckans, les
anker, les œm & d'autres; la verge est pour les
vins du Rhin de la moselle & d'autres de 6 mingles, mais pour les eaux de vie, elle est de 6
mingles & un sixième.

Les bottes ou pipes de différentes villes d'Espagne
& de Portugal, comme de Malaga, d'Alicante,
de Lisbonne, de Porto, sont de différentes capa-
cités & jauges; celles de Portugal contiennent chacune 25 à 26 steckans, mais celles d'Espagne en
contiennent 36 à 37; ces premières se sousdivisent en robes, azumbres, quarteaux, almudes, cavados, quatas, alquiers & en d'autres mesures.

En allemagne, les mesures des liquides sont le
fuder, qui est à peu-près la charge de deux chevaux; mais il diminue où il augmente suivant
les contrées; tantôt le fuder est au dessus du voe-

der, tantôt audeſſous. Il a encore d'autres diviſions, qui ſont l'œm, le mas, le fertel, le trickin, le bezon, l'inne, le jé & d'autres; toutes ces meſures varient ſuivant les cercles de l'Empire, & ſuivant les différentes ſouvérainetés & villes.

En angleterre, le tonneau ordinaire peſant 1890 livres eſt compté pour 252 gallons, la barrique pour le quart ou 63 gallons, qui font 110 pots marc & lie, ou 100 pots vin clair meſure de Bordeaux; le gallon qui peſe environ $7\frac{1}{2}$ livres de Londres ſe diviſe en firkins, filderkins, & hogsheads.

L'anthal de Hongrie eſt de deux ſortes; le grand contient 80 bouteilles, & le petit n'en contient que 60.

En Italie, les meſures des liquides différent ſuivant les pays & les villes; le bocale de Rome contient un peu plus d'une pinte de Paris, $7\frac{1}{2}$ bocales font le rubbo, & $13\frac{1}{3}$ rubbo font la branta; à Florence le ſtaro fait 3 barils; le baril 26 fiaſcos, & le fiaſcos environ une pinte de Paris. Il y a encore une grande quantité d'autres diviſions & ſousdiviſions de ces meſures toutes plus embarraſſantes & plus difficiles à ſupputer par le calcul les unes que les autres. On nous permettra de les ſupprimer ici, vû leur grand nombre.

Les meſures pour les eaux de vie, pour les huiles d'olives & de poiſſons, & pour la bierre ſont ſouvent différentes de celles des vins. Le tonneau d'huile d'olive eſt compté à Amſterdam pour 717 mingles, qui font différentes des mingles de vin. Le quarteau d'huile de baleine contient depuis 15 juſqu'à 20 ſteckans; la tonne de bierre contient un œm; l'œm 64 ſtops; l'anker 16 ſtops, le ſtop 2 mingles; & le mingle 2 pintes.

Le muid d'eau de vie contient à Paris 27 ſeptiers; à Bordeaux, la barrique d'eau de vie eſt de 32 verges; chaque verge eſt de 3 pots & demie; à la Rochelle & aux environs la barrique eſt de 27 veltes; en Provence & en Languedoc la mesure des eaux de vie est différente de celle des vins & des autres liquides ; les eaux de vie s'y vendent au quintal.

Enfin tant le pouce cube, la roquille ou le poisson, le demi septier, la chopine, la pinte, le quarteau, le gallon, la pipe, la botte, le piché, l'azumbre, le quatas, la millérolle, le mingle, le stop, le bocale, le rubbo, la branta, le staro, le baril, le fiascos, l'anker, la verge, le steckan, l'œm, le vœder, la hotte, la velte, le septier, le foudre, le muid, le tonneau & tant d'autres mesures qu'il y a en France, en Allemagne, en Angleterre, en Suéde, en Dannemarc, en Prusse, en Espagne, en Portugal, en Sardaigne & Piémont, en Italie, en Pologne, en Turquie, en Russie & dans les autres pays de l'Europe & du monde pour l'eau, le vin, les vinaigres, l'eau de vie, les huiles, la bierre & les autres liquides, & qui ont mille sortes de noms , différent d'un endroit à l'autre; souvent même il y en a plusieurs dans un même lieu comme nous l'avons établi. Nous passons aux mesures rondes ou de continence pour les choses séches.

4.° *Les mesures de continence pour les choses séches*, qui sont celles avec lesquelles on mesure ordinairement toutes les choses seches, c'est-à-dire les grains, les graines, les fruits, les legumes, le sel, la farine, les charbons, & toutes sortes de matières pareilles, sont ordinairement de bois, & de figure ronde ou quarrée; elles sont composées à Paris pour le froment & d'autres grains, de litrons ; il en faut 16 pour former le boisseau, qui est ordinairement du poids de 20 à 22 livres; il faut 3 boisseaux pour faire le minot, 2 minots pour la miné, 2 mines pour le septier & 12 septiers pour faire le muid.

Le muid de froment différe de celui d'avoine qui contient 12 septiers de 24 boisseaux chacun de

25 livres ou environ; celui-ci du muid de charbons de bois, qui eft de 16 mines pour les marchands; & de 20 mines pour le bourgeois; ce dernier du muid de charbons de terre qui eft de 15 minots, contenants chacun 6 boiffeaux; la mine de charbons de terre diffère du muid de chaux qui contient 48 minots; & celui-ci du muid de plâtre qui contient 36 facs de deux boiffeaux chacun & ainfi du refte.

Le vifpel de Berlin à 24 fcheffels de 80 livres chacun, le fcheffel 4 firtels, le firtel 4 metzen; la mefure eft divifée de même à Drefde qu'à Berlin, à la différence que le fcheffel pefe 160 livres de Drefde.

A Londres, un laft à 2 veys, 10 quarters, 20 combes, 40 ftrickes, 80 bushels, 320 pecks, 640 gallons, 1280 pottles, 2570 quartes. Un bushel de froment pefe 61 livres.

A Amfterdam le laft qui pefe 4600 à 4800 livres, fe divife en 7 muldes, le mulde en 4 fchepels, le fchepel en 4 vierdevats, le vierdevats en 8 kops.

La mefure dés grains à Archangel s'appelle fchefford, qui fe fubdivife en différentes parties fort difficiles à fupputer & à calculer; il en eft de-même des autres pays.

19 *feptiers de Paris font à peu-près*	5 *feptiers de Paris font à Abbeville 6 razieres.*
à Amfterdam . 1 laft.	21 fept . à Aire 6 razieres.
– Bergopfom 34 fiftels.	73 . . – Arles 60 charges.
– Bruxelles . . 25 facs.	10 . . – Dantzig 1 laft.
– Copenhague 42 tonnes.	$19\frac{1}{2}$. – Beauvais 1 tonne.
– Embden . $15\frac{1}{4}$ tonnes.	9 . . Cadix 12 fanegues.
– en Ecoffe 38 boiffeaux.	2 . . Tarafcon 3 emines.
– Gand . . . 56 halfter.	$158\frac{2}{3}$. Turin 100 emines.
– Hambourg 90 chepebs.	1 . . Venife 2 ftaros.
– Lisbonne 240 alquiers.	
– Seville . 36 anagros.	
– Utrecht . . 25 muldes.	

La corde de bois à Paris est ordinairement de 8 pieds de largeur sur 4 de hauteur, & la buche doit avoir $3\frac{1}{2}$ pieds de longueur & 18 pouces de tour. Le bois taillis doit avoir 6 pouces de tour, ainsi que le bois d'andelle, mais ce dernier n'a que $2\frac{1}{2}$ pieds de longueur; il y a du bois, tel que celui des salines, qui a $4\frac{1}{2}$ pieds de longueur, & celui des affouages des communautés qui a 6 pieds. La corde est différente & porte divers noms dans diverses provinces & pays, comme de membrure, d'anneau, de chaine ou d'autres; il en est demême des pays étrangers. Les fagots doivent avoir à Paris $3\frac{1}{2}$ pieds de long sur 17 à 18 pouces de tour. Cette mesure varie aussi suivant les provinces & les pays. Les fagots se vendent, ainsi que le foin, la paille, la litiere & d'autres matières semblables à la voiture, au millier, au cent, au quarteron, à la douzaine, à la botte, à la pièce, ou autrement, tant en France que dans plusieurs pays étrangers.

Il en est demême des mesures rondes ou de continence pour les choses sèches des autres villes de la France, qui ont mille noms divers & plus bizarres les uns que les autres, & dont les divisions & les augmentations ne sont pas moins singulieres, ainsi que celles des villes & endroits des autres pays de l'Europe & du monde; il serait trop long d'en rapporter seulement la centième partie. Nous venons aux mesures qu'on appelle poids.

5°. *Les poids*, qui sont la fixation de la consistance des matières tant solides que liquides, sont en France de différentes espèces; il y a ce qu'on appelle le poids de marc, le poids de table, le poids de Romaine, le poids de Vicomté, & beaucoup d'autres. Il n'y en a pas moins dans les autres Royaumes, Empires, Républiques & États. Les uns diffèrent beaucoup des autres.

B

La livre se divise à Paris en 2 marcs, le marc en 8 onces, l'once en 8 gros, le gros en 3 deniers, le denier en 24 grains, le grain en 24 primes. Dans des autres endroits sa division est différente. Il y a des lieux où la livre à 12, 13, 14 & 15 onces plus ou moins ; ainsi, la livre est

	Onces.			Onces.
à Paris & à Amsterdam de	16 —		à Livourne .	12 —
—Anvers . .	15		—Londres .	14
—Avignon .	13		—Marseille .	13
—Basle . .	16		—Montpellier	13
—Francfort .	16		—Rouen . .	16
—Genève . .	18		—Toulouse .	13 $\frac{1}{2}$
—Hambourg .	15 $\frac{7}{10}$		—Turin . .	10
—Lisbonne .	12 $\frac{4}{25}$		—Venise . .	18 $\frac{4}{25}$

Il en est à peupres demême des autres endroits & pays.

La division de la livre en France pour la soye, la cochenille, le corail, & d'autres marchandises, & pour l'or, l'argent & les pierreries est encore différente ; ainsi, à Lion, la livre ordinaire n'a que 13 onces $\frac{3}{4}$ du poids de Paris, mais celle de soye en a 15.

Le poids des essayeurs & des métallurgistes est encore différent ; ils supposent que le gros, poids de marc vaut un quintal ou 100 livres ; en conséquence ils le divisent assez généralement de la manière qui suit.

Le gros, ou le quintal est divisé en 100 livres. Une livre vaut 32 loths ou demi onces ; une demi livre 16 loths ou demi onces ; un seizième de livre 2 loths ou demi onces ; un loth deux gros ou demi siciliques ; un demi loth, un sicilique ; un quart de loth un demi gros ; & un 8e de loth un quart de gros. Cette mesure varie aussi suivant les pays, le quintal des essayeurs & des métalhurgistes étant quelquefois divisé en 110 à 112 livres, plus ou moins.

Il y a en France une livre particulière en médecine ; quoiqu'elle soit abrogée depuis fort peu de tems, on s'en sert encore dans quelques provinces & endroits des frontieres. Cette livre se divise en 12 onces, l'once en huit dragmes, le dragme en 3 scrupules, le scrupule en 2 oboles & l'obole en 12 grains ; par conséquent cette livre médicinale contient 6912 grains.

La livre médicinale d'Allemagne a 12 onces, l'once 8 dragmes, le dragme 3 scrupules, & le scrupule 20 grains, ensorte que celle-ci contenant 480 grains dans l'once, il faut 5760 grains pour la livre.

La livre médicinale d'Angleterre contient 12 onces, 96 dragmes 288 scrupules, & 5760 grains.

39 livres médicinales de France font 40 livres médicinales d'Allemagne ; & 24 livres médicinales d'Angleterre, en font environ 25 d'allemagne, encore qu'il y ait dans ces dernières le même nombre de grains.

On se sert aussi en médecine de certaines doses qui varient beaucoup, & sont plus ou moins fortes dans certains pays, comme par exemple des suivantes.

Fasciculus, un fascicule, où ce que le bras plié en rond peut contenir.

Manipulus, une poignée, ou ce que la main peut empoigner.

Pugillum, une pincée, ou ce qui peut être pris avec les trois doigts.

Cochleare, une cueillerée, ou environ une demie once de liqueur aqueuse.

Une tasse, ou environ six onces de décoction ou de potion.

Un petit verre, ou en environ une once de sirop.

Une goutte, ou environ un grain.

La grosseur d'une noix muscade ou d'une noisette. De la poudre autant qu'il en peut tenir sur

B 2

le manche d'une cueillère, ou sur la pointe d'un couteau.

Il y a encore quantité d'autres poids, mesures & expressions semblables en médecine ; comme elles ne sont pas désignées par le poids juste, quelque petit qu'il soit, ou se trompe souvent beaucoup sur la mesure de ces matières médicinales, dont on prend, au moyen de ces expressions, souvent plus du double, ou moins de moitié de la dose qui a été prescrite par le médecin.

Il y a en Angleterre deux sortes de poids, qui sont le *poids de Troye* & le poids *avoir du poids*.

Le *poids de Troye* se divise en 12 onces, l'once en 20 deniers, & le denier en 24 grains ; il sert principalement pour peser les grains & les liqueurs ; mais quand il est destiné à peser, l'or, l'argent & les pierreries, le grain se soudivise en 20 pites, le pite en 24 droits, le droit en 20 petits, & le perit en 24 flancs.

Le *poids avoir du poids*, se divise en 16 onces ; l'once en 8 dragmes & le dragme en 3 scrupules ; il sert ordinairement à peser la laine, le chanvre, les épiceries, les drogues, le suif, le mercure, le pain, quelques métaux, & d'autres matières.

Le *quintal*, qui est le poids pour peser les grosses marchandises, est ordinairement en France & ailleurs de 100 livres, mais il y a des différences par les noms, par les divisions & par les pesanteurs. A Londres, il vaut $109\frac{1}{2}$ livres de grand poids & 117 livres de petit poids ; celui d'Ecosse est d'environ 4 pour $\frac{0}{0}$ plus fort ; celui de Lisbonne à 128 livres.

L'on se sert à Venise de deux sortes de poids pour les marchandises, savoir *du gros poids & du poids subtil* ; 100 livres du gros poids en font 158 du poids subtil, & 100 de ce dernier n'en font que $61\frac{1}{2}$ du gros poids.

A Amsterdam, on pese par *Schippondt* de 300

livres, par *Lispondt* de 15 livres, & par *pierre ou steen* de 8 livres. A Lübeck & à Coppenhague, le schippondt vaut 320 livres; le Lispondt 16 livres, & la pierre ou le steen 10 livres. A Stockholm, le schippondt pour le cuivre fin est de 320 livres, mais pour les marchandises de provision, il est de 400 livres. A Riga, le lispondt est de 20 livres. A Dantzig & à Revel, la grosse pierre ou steen est de 34 livres, & la petite pierre ou steen à proportion.

A St. Petersbourg, les poids sont le *Bercovetz, le ponde & la livre*; le bercovetz pese 400 livres, & contient 10 pondes de 40 livres chacun. La livre se divise en 32 onces, & l'once en 3 solotniches. Le poids d'Archangel nommé poet, pese 40 livres, qui rendent à Paris 32 à 33 livres.

A Smirne, à Constantinople, & dans les échelles du Levant, les poids sont *le batteman, l'ocos, le chequi, la rotte, le rottolis,* & il y en a de différentes sortes.

En Chine, on pese les marchandises par le *pico,* qui vaut 100 *cattis*; le catti se divise en 16 *taels,* vallant chacun $1\frac{1}{3}$ d'once d'Angleterre, ensorte que le pico vaut environ 37 livres anglaises avoir du poids; il y a encore *le picol, le bahar, le mas, le condorin* & d'autres poids. A Siam, les cattis ne font que d'environ la moitié des premiers. Les Tunquinois & les Japonois se servent à peuprès des mêmes livres & des mêmes gros poids que les Chinois, à quelques différences près. A Surate, à Agra & dans d'autres villes de la domination du grand Mogol, on se sert du man, qui consiste en 40 serres, & chaque serre vaut environ 12 onces de Paris. En Perse, on se sert des battemans, des facheray, & d'autres poids, qui diffèrent beaucoup entr'eux, quoique portant le même nom, suivant les provinces, les villes, & la nature des marchandises.

L'arobe de cochenille de Cadix & de Séville, est de 25 livres faisants $26\frac{1}{2}$ livres de Paris; mais celle de Lisbonne eft de 32 livres. 100 rottes de feide, font 320 livres de Paris; 100 rottes d'alep pour les groffes marchandifes font 455 livres; & pour les foyes blanches 440 livres.

A Livourne, il y a 4 fortes de quintaux, le premier eft de 100 livres, le fecond de 150 livres; le troifième de 151 livres & le quatriéme de 160 livres.

Le poids ou la mefure du papier fe divife en cahiers de 4 ou 6 feuilles, en mains de 20, 24 ou 25 feuilles, en rames de 20 mains, & en balles de 10 rames, qui font proportionnées au nombre des feuilles de chaque cahier ou main; c'eft fouvent un objet d'erreur; & il ferait plus facile de dire, *un tel nombre de feuilles.*

En Afrique & en Amérique, on ne fe fert guères de poids, parceque le principal commerce des marchandifes s'y fait encore, comme au commencement du monde, par échange, à l'exception néanmoins de quelques pays & villes; il y a auffi un affez grand nombre d'Etats dans ces parties du monde, où les François, les Anglois, les Efpagnols, les Portugais, les Hollandois & les autres peuples commerçants de l'Europe ont introduit les poids & mefures de leurs nations refpectives, ce qui ne laiffe pas d'être fouvent fort embarraffant. Nous fupprimons un nombre infini d'autres poids & mefures qui font en ufage, & dont la feule nomenclature, avec fes divifions, fousdivifions, arrière divifions & diftinctions pour les différentes marchandifes, pourroit remplir un volume, & fe porteroit fûrement à plus de 200 *mille.*

Il eft fenfible, que tous ces poids & mefures, qui font en grande quantité partout, qui ne font que confufion dans l'efprit, qui exigent une longue & pénible étude & des calculs & pertes de tems confidérables, qui occafionnent fouvent, entre les marchands & négotians de divers pays, des conteftations & des procés ruineux, entraves du commerce, & qui peuvent être réputés pour être encore des reftes de l'ignorance & de la barbarie de nos peres, font bien fufceptibles de réforme; tout le monde en convient, tout le monde gémit fur le défordre, & cependant on le néglige, & on n'y remedie point.

Ce n'eft pas qu'on fe foit occupé plufieurs fois de cet objet important. Une grande quantité de Monarques, de Républiques & de Souverains dans tous les pays ont eû en vue l'uniformité de tous les poids & mefures ; en France, dès le huitième fiècle, *l'Empereur Charlemagne* ; & depuis, *les Rois Philippe le long, Louis XI. François I. Henri II. Charles IX. Henri III. & Louis XIV.* firent diverfes loix & ordonnances à ce fujet, mais qui, a caufe de leurs defectuofités & de leurs imperfections, font pour ainfi dire devenues fans fruit & fans fuccès, ainfi que tant de milliers d'autres. En 1321, *Philippe le long* était fur le point d'exécuter ce plan d'une manière un peu plus complette que les autres, lorfqu'il mourut. C'eft déja depuis le commencement du douzième fiècle que, fous *Henri I. Roi d'Angleterre*, tous les poids & mefures des villes, bourgs & endroits de ce Royaume ont été abrogés, & égalifés à ceux de Londres, comme cela fubfifte encore actuellement. Il eft bien vrai que les poids & mefures d'Angleterre ont diverfes dénominations & divifions embarraffantes, & qu'on n'a pas encore inventé en Angleterre d'étalons fimples & naturels tels que ceux que nous défignons, & qu'on défire beaucoup dans ce pays : mais il faut avouer que cette ordonnance a du moins produit cet avantage, qu'on peut s'adonner au commerce en Angleterre, avec beaucoup plus de facilité, & moins de rifques d'être trompé fur la valleur des poids & mefures, que par exemple en France, en Allemagne & dans d'autres Etats, où ces poids & mefures font différens dans la plupart des provinces; ainfi que dans la plupart des villes, bourgs ou hameaux. En Dannemarc, en Suede & dans d'autres pays, tous les poids & mesures ont été réduits à l'égalité, mais, ainsi qu'en Angleterre, *d'une manière encore assès imparfaite.*

Il n'y a pas longtemps que les réprésentans d'une grande Province de France (l'assemblée provinciale de la haute Guyenne) s'en sont occupés; c'a été *à la grande satisfaction du Gouvernement*, qui, quoique d'opinion que l'entreprise était hérissée de difficultés, n'a pas moins paru la désirer & vouloir y donner les mains, concevant, que si elle était possible, & si elle pouvoit être couronnée d'un heureux succès dans une province, elle pourroit également l'être dans tout le royaume & les colonies.

Pénétrés des avantages qui proviendroient de l'exécution de ce plan, plusieurs gens de lettres dans ces tems modernes on ont aussi fait le sujet de leurs spéculations & de leurs récherches; plusieurs académies & sociétés savantes y ont donné la plus sérieuse attention; particuliérement la société Royale des sciences de Londres; elle a fait à cet égard ce qui ne s'est guères vû ailleurs; animée d'un véritable zèle pour procurer à toutes les nations un avantage aussi considérable & aussi solide que des Etalons simples, fixes, invariables & universels tels que ceux que nous désignons, pour parvenir à rendre tous les poids & mesures uniformes dans tous les pays, elle a voulu proposer une médaille de la valleur de *cent guinées*, ou bien cette somme *à l'Auteur*, qui indiqueroit des moyens plausibles propres à remplir cet objet important; récompense qui paroîtroit sans doute peu de chose pour des grands Monarques, si on considére les avantages considérables qui en reviendroient à leurs Etats, sur lesquels se prend au fond cette dépense, mais qui dans la réalité, doit paroître grande pour une société de patrticuliers.

Des mathématiciens ont fait bien des efforts &

des dépenses pour trouver une mesure commune, afin de les rendre uniformes dans tous les pays; ils ont proposé pour cet effet, de prendre le tiers de la longueur d'un pendule battant secondes sous l'équateur ou sous les poles; mais des erreurs & des inconvéniens sans nombre ont été trouvés devoir résulter d'un pareil étalon. En effet: on n'a d'abord pas pu bien convenir de sa longueur, quoique dans les mêmes endroits; ainsi, en Angleterre, les uns ont prétendu que la longueur du pendule battant secondes devoit être à Londres de 3 pieds 3 pouces & $\frac{3}{10\text{emes}}$ de lignes; des autres ont prétendu qu'il devoit être allongé ou racourci. Des savants ont porté en France la longueur du pendule à 1440 lignes $\frac{5}{9\text{emes}}$ à Paris; d'autres à 1440 lignes $\frac{1}{2}$; d'autres enfin à 1440 lignes $\frac{17}{10\text{emes}}$; ainsi, ils ne convenoient déja pas de sa longueur en points justes du pied, dans le principe; combien moins auroient-ils pu se concilier dans les effets & dans toutes les conséquences? 2.º Qu'on prenne deux pendules à secondes, exactement les mêmes, & construits par le même ouvrier, & qu'on commence à les faire battre ensemble, il est probable & presque certain, que, quelqu'attention qu'il ait mis à les regler & à les faire l'un comme l'autre, leurs vibrations de secondes différeront, surtout à cause de leurs rouages nombreux & compliqués, non pas dans un ou plusieurs jours, mais dans peu d'heures, ou de minutes. 3.º Il est avéré, par le témoignage de plusieurs savants, que pour qu'un pendule à secondes dressé pour Paris, batte exactement ces secondes à Cayenne, il faut qu'il soit racourci d'une ligne & demie; selon d'autres de deux lignes; & d'autres encore, de deux lignes & demie; il faut même selon ces derniers, qu'il soit racourci de deux lignes & demie à Lisbonne, malgré que cette ville soit située à 24 degrés de latitude de différence de Cayenne; cette longueur

du pendule, qu'on aurait voulu prendre pour
l'étalon des mesures des longueurs, ne fixeroit
donc rien moins qu'une loi invariable à cet
égard. 4.º Il est constaté par l'expérience qu'un
même pendule reglé & battant vibrations sous
un même degré de latitude, mais dans des pays
différens, diffère beaucoup par le nombre de ses
oscillations, & que parconséquent on doit en changer la longueur ; par une raison contraire, il est
également constaté par l'expérience, que pour
qu'un pendule batte justement les secondes à des
degrés & à des distances assez éloignées, comme
par exemple à Paris & à Bayonne, il faut qu'il
soit exactement de la même longueur. 5.º Il y
a des savants qui se sont servi d'un moyen bien
étrange pour répondre aux objections qu'on faisoit
au sujet du tiers de la longueur du pendule qu'ils
prétendoient devoir être pris pour l'étalon des mesures ; ils ont osé dire que le fer ou le cuivre du
pendule s'allongeoit & se raccourcissait suivant les
degrés sous lesquels on l'exposoit ; comme si une
pareille prétention, eût pu faire valoir beaucoup
un sistème aussi incohærent & aussi absurde. 6.º
Enfin, qu'on régle à Paris ou ailleurs un pendule
à secondes sur un cadran solaire, il y a de certains tems ou il s'écartera beaucoup de l'heure
véritable ; ainsi, il y a des tems, comme par
exemple, au mois d'Avril, ou on remarque qu'il
rétarde jusqu'à 12 secondes & plus dans 24 heures, & dans d'autres temps de l'année où il avance
ou récule à proportion ; il ne peut donc guères y
avoir quelque chose de certain à cet égard, pour
fixer un bon étalon des mesures des longueurs,
puisqu'on ne peut pas même s'assurer du rapport
exact du pendule. On suppose dans tous ces
cas, que le pendule a été construit suivant les
régles de l'art, c'est-à-dire, que ses rouages ne
sont pas défectueux, & qu'il n'a pas été exposé à
un air trop sec ou trop humide, ou rempli de
poussière ; ces circonstances comme on sait, ne

contribuent que trop souvent, ou pour mieux dire presque toujours, à avancer ou à rétarder tout horloge & pendule.

D'ailleurs, en supposant la longueur du pendule trouvé avec exactitude, il y a sans doute loin de là, à la réduction à l'uniformité de tous les poids & mesures partout, comme on le verra, & comme *on s'en assurera infiniment* par la lecture des différens objets qui font le sujet de cet ouvrage. Nous omettons quantité d'autres difficultés & objections sensibles & tranchantes qui sont à faire contre le sistème des pendules battant secondes, lesquelles il seroit trop long de rapporter; ce système ne pouvoit donc être trouvé que défectueux par tous les gens éclairés, & les véritables connoisseurs, ainsi qu'ils n'ont pas manqué de le faire.

Dans toutes ces circonstances, comme on ne voit pas qu'il s'est encore rien opéré jusqu'aujourd'hui à l'égard de la réduction & l'uniformité de tous les poids & mesures, nous avons cru pouvoir essayer de mettre aussi au jour quelques idées qui nous font venues sur ce sujet intéressant. Nous observerons de les déduire avec l'ordre & la précision dont la matière est susceptible & qu'elle exige; il ne peut y avoir de personnes assez qui concourent à rémedier au mal; nous nous *estimerons heureux, si nos efforts peuvent produire quelque fruit*, & remplir les intentions de tous les souverains, Républiques & Etats de l'Europe & de l'Univers, & les vues de bien public dont la plupart d'entr'eux, particuliérement ceux des nations policées, font animés, autant que nous en avons l'ardent désir.

CET OUVRAGE

SERA DIVISÉ EN TROIS PARTIES.

Dans la première, on réchercherá les causes qui ont retardé l'établissement partout, de l'uniformité

des poids & mesures, & les qualités principales
qui doivent constituer de bons étalons; & on fixera
ceux qu'on propose pour être mis en usage.

Dans la seconde, on développera cette fixation,
en crayonnant des moyens simples, courts & faciles, pour l'abrogation des anciens étalons, & l'é-
tablissement des nouveaux à la place.

Dans la troisième, il sera traité d'objets rela-
tifs à la plus exacte & à la plus prompte exécution de tout ce qu'on aura proposé; on tracera
l'esquisse du nouveau revenu que cela pourra rapporter à chaque Souverain, République & Etat;
& on répondra aux objections.

PREMIERE PARTIE.

Où on recherche les causes qui ont retardé l'é-
tablissement partout de l'uniformité des poids &
mesures, & les qualités principales qui doivent
constituer de bons étalons; & où on fixe ceux
qu'on propose pour être mis en usage. Cette
partie sera divisée en 2 sections.

SECTION PREMIERE.

Contenant un court exposé des causes & des
qualités mentionnées.

On a beaucoup parlé des abus des étalons des
poids & mesures, on a beaucoup raisonné à cet
égard, mais il semble que c'est en vain, puisqu'ils
ne continuent pas moins d'être en pleine vigueur
dans la plupart des royaumes, empires, républiques & états de l'europe & de l'univers. Quelles
en sont les causes? Il n'est pas hors de propos
de les rechercher.

La premiere nous paroît être, que dans les traités qu'on a fait à ce sujet, on a trop donné à l'a-
grément, en y sacrifiant la solidité du raisonne-
ment; il y a plusieurs ouvrages qui sont faits sur
ce modèle; pourvu qu'on y séduise par une élo-
quence fastueuse au lieu de prouver; pourvû qu'on

y fasse entrer quelques recherches curieuses puisées dans une antiquité reculée, quelques singularités remarquables, quelques citations des grecs ou des latins, on croit avoir rempli l'objet ; à quoi il faut ajouter, qu'on traite souvent la matière avec *si peu d'ordre*, & qu'on se sert *d'un langage si particulier*, qu'il est bien difficile de comprendre ce que l'Auteur veut dire, ou qu'il faut être bien savant & bien initié dans la science ou dans l'art qui fait le sujet du livre, pour pouvoir y parvenir. Après cela, qu'on pose l'état de la question, ou à peu-près ; qu'on jette quelques conjectures au hazard, qui n'ont rien de déterminé, qui n'ont souvent que les apparences de la vraisemblance, sans en avoir la réalité, voilà qu'on croit avoir atteint à la perfection. C'est peut-être le défaut de bien des livres. Delà il est arrivé que comme on a trouvé après un examen réflechi, que les moyens proposés tenoient plûtot du romanesque que de la nature, on ne les a pas non plus mis en exécution ; & il est arrivé aussi, que les vues utiles & solides, les bons ouvrages ont souvent payé pour les mauvais.

La seconde est, que des usages aussi anciens & aussi communs ne pouvant être réformés que par l'intervention des loix, que *par le secours de la puissance souveraine*, on ne s'est pas assez attaché à l'invoquer, ou bien en le faisant, on ne lui en a pas donné une connoissance suffisante ; à quoi il convient d'ajouter *le défaut de récompense & d'encouragement de la part des souverains*, à ceux qui ont le mieux mérité de l'Etat, & qui en ont provoqué ou opéré les avantages les plus réels & les plus solides, tandis que ces récompenses ont été prodiguées à d'autres, dont les titres n'étoient souvent que fort équivoques, & appuyés sur des frivolités ; *source de l'indifférence & de la tiédeur presque générale qui existe aujourd'hui pour le bien public.*

Voilà en quoi nous croyons pouvoir faire conti-

ſter les principales cauſes qui ont retardé l'éta-
bliſſement partout de l'uniformité des poids & meſures, ainſi que de beaucoup d'autres établiſſe-
ments auſſi utiles; à force de raiſonnements on a
auſſi beaucoup multiplié les idées, & à force de
les multiplier on les a confondu.

. Ce n'eſt pas que nos prétentions ſe portent plus
loin que celles de bien des autres; on conçoit
que notre plan ne peut avoir d'appui & de mérite
que dans la vérité qu'on voudra bien lui réconnoître par ſon expoſé même. Mais il étoit eſſen-
tiel de faire voir que pour remplir notre tâche,
il n'était pas peu intéreſſant d'éviter ces écueils.

. Nous dirons donc, que l'uniformité propoſée
n'eſt pas ſi difficile à trouver & à operer qu'on ſe
le figure; preſque tout ce qui a été dit ſur cette
matière n'a ſouvent ſervi qu'a y porter de la con-
fuſion, & à faire naître des doutes & des embarras ſur l'exécution d'un projet auſſi louable.

: A notre ſentiment, pour trouver les étalons
des poids & meſures, il nous paroit qu'il ſeroit
d'un préalable de ſixer celui du pied, ou pour
mieux dire, celui de la meſure des longueurs,
parceque cette longueur étant déterminée pourra
ſervir avec avantage de régle pour les autres.

Suivant nous, la meſure des longueurs n'aura
le dégré de la perfection, qu'autant qu'elle ſera
bien diviſée; que ſa diviſion ſe fera dans les plus
petites parties qu'il eſt poſſible de tracer, & qu'elle
répondra aux meſures des tems.

1.º Pour que la meſure des longueurs ſoit parfaite, il faut qu'elle ſoit *bien diviſée*; nous entendons par-là, qu'il faut qu'elle ſe réſolve avec
facilité en autant de parties qu'on voudra, ſans
gêner l'eſprit, ſoit pour les nombres & fractions,
ſoit pour les multiplications, les diviſions & leurs
acceſſoires, de manière que ces parties puiſſent
s'étendre & ſe calculer auſſi facilement qu'il eſt
poſſible. Nous nous fixerions préférabl ent à
cet égard à la diviſion par les quantités décimales.

2.o Pour que la mesure des longueurs soit parfaite, il faut que l'étalon adopté *se résolve dans les plus petites parties qu'il est possible de tracer*; or le nombre de ces petites parties seroit de mille; & le nombre des parties ordinaires seroit de cent; ce sont les divisions les plus complettes, comme on aura lieu de s'en convaincre par tout ce que nous aurons lieu de dire dans la suite de cet ouvrage, ainsi que par l'expérience.

La raison pour laquelle nous exigeons *les plus petites parties*, est, qu'à ce moyen, on pourra mesurer & vérifier tout ce qu'on voudra, au plus petit point près, particulièrement aussi les objets capillaires & microscopiques; ainsi, à l'aide des points du pied de Paris, divisé en 1728 parties, qui, à ce qu'on prétend, passent pour être des plus petits qu'on connoisse & qui soient en usage dans aucun pays, on peut vérifier toutes les mesures quelconques composées de points plus gros; mais non pas *vice versâ*; le pied de Lorraine par exemple, n'ayant de celui de Paris que 10 pouces 6 lignes, 9 points ou environ, si on en adapte les points contre ceux de Paris, il faudra nécessairement tomber sur des fractions, & nommer des demi points ou des quarts de points; mais en adaptant les points de Paris contre ceux du pied de Lorraine, il y aura sans contredit beaucoup moins de fractions, & parconséquent plus de justesse dans la mesure.

Nous exigeons néanmoins que les points mentionnés soient *très-visibles* pour les objets ordinaires, & qui ne sont pas microscopiques; en effet: il faut que l'œil puisse y atteindre sans trop se gêner, parceque s'il falloit vérifier chaque fois le point à l'aide d'un microscope, ce seroit une source d'erreurs dans son principe, & un assez grand inconvénient. D'ailleurs, non seulement il faut pouvoir distinguer les points à la vue; mais il faut pouvoir les marquer dans les objets ordinaires de commerce.

3.º Nous avons dit qu'il feroit utile que la division mentionnée de l'étalon *réponde à la mesure des temps.* En effet, s'il y avoit un moyen de proportionner les mesures ordinaires des longueurs à celles des tems, comme par exemple au jour, aux heures & à leurs parties, au cours du soleil, ou bien de la terre tournant sur son axe, il est certain qu'il n'en résulteroit que bien des avantages. Nous aurons lieu de développer de plus en plus cy-après cette vérité.

Il s'agit actuellement de fixer l'étalon de la mesure des longueurs, telle que nous la proposons, ainsi que les autres étalons qui en font la suite, c'est le sujet de la section suivante.

SECTION II.

Contenant en racourci la fixation des étalons des poids & mesures qu'on propose pour être mis en usage, & les principes capitaux qui servent à les établir.

Pour fixer notre premier étalon matrice, nous croyons devoir prendre les choses d'un peu haut. On se convaincra facilement de tout le fondement de cette précaution par tout ce que nous aurons lieu de dire.

Notre but principal est de déterminer la mesure des longueurs, de manière qu'elle réponde exactement aux mesures des tems, principalement à celle des 24 heures que le soleil employe journellement à parcourir les deux hémisphères, ou, comme on le prétend, que la terre employe à tourner au tour de son axe. Nous entrons dans le détail de nos opérations.

Il est connu, que tout cercle grand & petit, étant ordinairement divisé par les géomètres en 360 parties égales ou dégrés, la circonférence du globe, & le tems que le soleil paroît employer pour parcourir chaque jour son cercle autour de la terre, & qui donne le jour & la nuit, sont
divisés

divisés suivant ces principes. La circonférence du globe étant suivant les géomètres d'environ 9,000 lieues communes de France, ou de 5,400 milles géométriques d'Allemagne, divisés en 360 dégrés de 25 lieues, ou de 15 milles chacun, cela fait pour chaque degré 57,060 toises.

Il doit sans doute être indifférent à toutes les nations qu'on se serve pour les calculs cy-après des mesures longues de Paris; outre qu'elles passent pour être des plus exactes, elles reviennent nécessairement par leurs multiplications ou leurs divisions à la même valeur de celles des autres pays.

Nous remarquons, que si on multiplie les 57,060 toises cy-dessus par 360, on aura pour toute la circonférence de la terre 20 millions, 541 mille 600 toises.

La toise de Paris contient 6 pieds & le pied 1728 points, cela fait pour chaque toise 10,368. points. Qu'on multiplie le nombre de toises cy-dessus par 10,368 points, on aura pour produit de toute la circonférence de la terre, telle qu'on la suppute aujourd'hui, & par conséquent de l'espace de chemin du globe que le soleil paroit parcourir dans 24 heures, la quantité de 212 billions 975 millions, 308 mille & 800 points.

Or, *nous disons*, que si le nouvel étalon de la mesure des longueurs pouvoit répondre à cette quantité de points par une racine de nombre, qui est l'unité; c'est-à-dire, si la somme des étalons matrices qu'on prendroit à l'avenir contenoit *toute la circonférence de la terre*, *un million ou un billion de fois juste*, il est certain que tout le monde en retireroit bien des avantages, parce qu'en évitant dans le principe les fractions ou les multiplications des unités, on les éviteroit dans bien des conséquences, c'est-à-dire, dans l'usage commun & journalier *d'un nombre infini* de choses. Cette vérité se develop-

C

pera de plus en plus dans le cours de cet ouvrage:

Mais, la fomme des points cy-deffus pout toute la circonférence de la terre, étant une *quantité aliquante*, c'eft-à-dire, qui répétée un certain nombre de fois, ne donne pas *le tout*, ou 213 *billions de points complets*, rélativement aux unités cy-deffus, il s'agit d'avifer à des moyens pour y fuppléer.

Pour parvenir à cette fin importante, nous remarquons que le dégré de la terre n'eft pas tellement fixé à 57,060 toifes, qu'il ne foit pas praticable de le fixer autrement; en effet : il n'y a comme nous l'avons déja remarqué, *rien de moins certain* que cette fixation, (1) qui n'eft que le terme moyen de la mefure qu'on a faite d'un dégré de la terre dans différens pays ; c'eft-à-dire, *un à peu près*; puifque ce degré a été fixé par les uns à 57,060 toifes, & par les autres à 57,068 toifes, à 57,072 toifes, à 57,084 toifes, à 57,054, à 57,050, à 57,040, à 56,979, à 56,753, à 57,183 jufqu'à 57,422 toifes.

En ajoutant donc *quelques toifes par degré*, afin de completter *les 213 billions de points juftes, pour toute la circonférence du globe*, on n'altérera pas le terme moyen de la mefure actuelle de la terre; quelques toifes de plus ou de moins par degré *fur une fi grande circonférence* font trop peu de chofe ? nous raifonnerions néanmoins différemment fi cette circonférence, ou feulement chaque degré avoit été vérifié & déterminé *au jufte dans tous les pays*, par une mefure exacte. Nous penfons qu'en attendant qu'on ait découvert quelque chofe de certain à cet égard, on pourra toujours *fe fervir avec avantage* de la mefure du degré que nous avons ici fixé, & qui eft à-peu-près celle de tous les peuples éclairés & policés.

Or, le nombre de ces toifes & fractions de

---

(1) *Note du Cenfeur.* Il y a en effet 5 à 6 toiles d'incertitude.

---

toises ajoutées par degré pour former 213 billions de points justes, seroit de 6 *toises 3 pieds*, *8 pouces*, *3 lignes*, *6 points & ⅔ de point*; ce qui feroit revenir à l'avenir le dégré, de 360 à la circonférence de la terre, à 57,066 toises, 3 lignes, 6 *points & ⅔ de point.* Le tableau cy-après, est destiné a rendre les choses sensibles.

La circonférence actuelle de la terre étant supposée de 57,060 toises par degré, fait cy . . . . **Points de Paris,** 212,975,308,800.

Points de Paris.

Pour qu'il y ait 13 billons de points justes, il y manque . . . . 24,691,200.

La valeur d'*une toise par degré* faisant 3,732,480 points, donne pour 6 *toises* . . . . 22,394,880.

3 *pieds*, ou la moitié d'une toise . . . . 1,866,240.

Un pouce par degré, faisant 51,840 points, *8 pouces* donnent . . . . 414,720.

Une ligne par degré faisant 4320 points, 3 *lignes* donnent . . . . 12,960.

6 *points par degré,* donnent . . . . 2,160.

⅔ *de point par degré*, donnent juste . . . . 240.

} 24,691,200.

Total . . 213,000,000,000.

Nous observons ici, que si au lieu de 213 *billions de points*, nous avions réduit la circonférence de la terre à 212 *billions de points*, il auroit fallu oter *plus de 200 toises* à *chaque degré de la terre*, en quoi nous n'aurions peut-être pas été à l'abri des reproches; *tout a été calculé pour le mieux.* La supputation cy-dessus pour toute la circonférence de la terre étant supposée être d'une étendue de 213 billions de points du pied de Paris justes, si on forme l'étalon matrice d'une longueur de 213 *points*, faisant 1 *pouce*, *5 lignes & 9 points*, équivalents à un huitième du pied de Paris moins un 72ème de ce huitieme, ou bien *à la longueur d'un demi travers de main*, alors, *un billion juste de pareils étalons*, joints ensemble, formera *toute la circonférence du globe*. Nous observons que, *si en gardant l'unité*, nous avions fait toute la circonférence de la terre *d'un million d'étalons*, il auroit fallu faire l'étalon matrice *mille fois plus grand que celui-cy dessus*, ce qui l'auroit rendu d'une longueur démésurée; & si nous l'avions fait de deux, trois, quatre, cinq, six, sept, huit, neuf, dix millions; vingt, trente, quarante, cinquante millions; cent millions; deux, trois, quatre, cinq, six, sept, huit, neuf cens millions d'étalons, nous aurions rompu l'unité, & *le chiffre matrice*. Nous avons tout supputé pour l'usage le plus commode, le plus avantageux, & le plus à la portée de tous les individus de la société, *présens & à venir*.

Ces préliminaires étant établis, nous venons à la déduction des étalons que nous proposons.

L'étalon de la mesure des longueurs, qui ne s'appelleroit plus pied, palme, brasse ou autrement, mais qui seroit de la longueur de la moitié d'un travers de main, ou de deux travers de doigt, & qui s'appelleroit *un demi travers de main*, ou tel autre nom plus facile qu'on jugera à propos de lui donner *& que nous indiquerons*, seroit fixé *à un pouce large, cinq lignes & neuf points du pied actuel de Paris* divisé en 1728 points.

Le demi travers de main seroit divisé en 100 *points ordinaires & en 1000 points microscopiques*; le point ordinaire valant 10 points microscopiques.

Cette dénomination & division uniques étant
ainsi établies, toutes les autres mesures des longueurs & leurs fractions, multiplications & divisions sous quelque titre que ce soit, *dans tous*
les pays du monde, seroient entiérement abrogées.
Les dénominations & divisions des mesures
itinéraires, quarrées & cubes seroient rélatives à
cette mesure, suivant les regles que nous ex-
pliquerons.

Attendu l'importance de la fixation *de la me-*
sure matrice des longueurs, au demi travers de
main, mesure qui influera si essentiellement sur
tout ce que nous aurons lieu de dire, nous
croyons devoir ajouter aux raisons que nous avons
déja donné, d'autres raisons encore, propres à la
faire adopter.

Il est certain *que le demi travers de main,*
c'est-à-dire cet espace en longueur qui est formé
par la moitié d'un travers de main, ou à peu-
près par deux travers de doigt, est plus communément le même chez toutes les nations, que
ne l'est l'espace que forme *le pied*, dont la longueur ou la petitesse varient davantage pour les
hommes ainsi que pour les femmes.

Si on doit prendre un étalon des mesures des
longueurs, c'est préférablement dans les proportions du corps de l'homme, qui est sans contredit *l'abrégé des merveilles, & le chef - d'oeuvre*
de tous les chefs-d'oeuvres de Dieu.

Il est assez connu que la hauteur de l'homme
est de dix faces, faisants 50 *demi travers de*
main; chaque face ayant 5 demi travers de
main; & que plusieurs parties du corps sont
égales à un ou plusieurs demi travers de main,
& y ont des proportions rélatives.

Ainsi, il y a 5 demi travers de main où une
face depuis la naissance des cheveux audessus
du front jusqu'au bas du menton; il y a 2 demi travers de main depuis le bas du menton

jufqu'au bas du nez; il y a 10 demi travers
de main, ou deux faces depuis la foffette des
clavicules qui eft au deffus de la poitrine jufqu'au fommet de la tête, ou la cinquieme partie
de la hauteur du corps.

Depuis la foffette des clavicules jufqu'au bas
des mamelles on compte 5 demi travers de main,
ou une face; depuis cet endroit jufqu'au nombril
il y a 5 demi travers de main, & 5 autres dela
jufqu'où fe fait la bifurcation du tronc, ce
qui fait en tout 25 *demi travers de main*, ou
50 travers de doigt moyens fimples, faifants
fa moitié de la hauteur du corps.

Il y a 10 demi travers de main dans la longueur de la cuiffe jufqu'au genou; le genou fait deux
demi travers de main & demi, ou 5 travers de
doigts fimples; on compte la longueur de la
jambe pour 10 demi travers de main, à prendre depuis le bas du genou jufqu'au cou du
pied, ce qui fait en tout 47 demi travers de
main & demi, ou 95 travers de doigt moyens
fimples; & depuis le cou jufqu'à la plante du
pied, il y a deux demi travers de main & demie
ou cinq travers de doigt moyens fimples, qui
complettent *les 50 demi travers de main*, ou
les dix faces dans lesquels la longueur du corps
de l'homme a été divifé.

Lorfque les hommes font d'une hauteur audeffus de celle ordinaire, il fe trouve ordinairement un ou deux demi travers de main de plus
dans la partie du corps qui fe trouve entre les
mamelles & la bifurcation du tronc.

Il y a auffi 50 *demi travers de main juftes*, ou
la longueur du corps entier dans la diftance qui
fe trouve entre les extrémités des grands doigts
des mains, lorfque les bras font étendus dans
une ligne droite & horizontale. Il y a depuis la
foffette des clavicules jufqu'à l'emboiture de l'os
de l'épaule avec celui du bras, 5 demi travers

de main. La main a 5 demi travers de main en longueur, & deux en largeur; le deſſous du pied eſt égal à 6 demi travers de main; *toute la hauteur de l'homme a 50 demi travers de main, ou bien cent travers de doigt moyens ſimples.*

Or, qui eſt ce qui ne conviendra pas que le créateur a lui même montré à l'homme l'étalon des meſures qu'il devoit prendre, & même la maniere dont il devoit le diviſer, c'eſt-à-dire, par les quantités décimales, à la vuë des proportions admirables qu'il a mis entre *le demi travers de main*, avec toutes les parties de ſon corps & de ſa propre ſubſtance? cette indication faite à l'homme par la *divine ſageſſe* eſt aſſez viſible, & il ſeroit particulier que *les mortels puiſſent, ou veulent encore à l'avenir s'y méprendre.*

2.º *Le temps que le ſoleil employe pour parcourir toute la circonférence de la terre*, ou bien que la terre employe à faire ſa révolution autour de ſon axe, c'eſt-à-dire, le tems du jour & de la nuit, *ſeroit proportionné au nouvel étalon des longueurs*; il ne ſe diviſeroit plus comme aujourd'hui *en* 24 *heures, mais en* 10 *heures, ou en* 1000 *minutes*, l'heure valant chacune 100 minutes; *la minute en* 1000 *ſecondes, & la ſeconde en* 1000 *tierces*, enſorte qu'un tierce de temps équivaudroit à l'eſpace juſte d'un point microſcopique de la terre que le ſoleil parcourt ou paroît parcourir; une ſeconde de temps équivaudroit à l'eſpace d'un million de points microſcopiques qu'il parcourt; une minute à l'eſpace d'un billion de points microſcopiques, une heure à l'eſpace de cent billions de points microſcopiques.

Enfin, le temps du jour & de la nuit, ou *les* 24 *heures d'aujourd'hui, équivaudroient à l'eſpace que le ſoleil parcourt un trillon juſte de points microſcopiques, ou bien un billion de demi travers de main.* On aura lieu de voir l'u-

fage & l'application avantageufe que nous ferons
de cette divifion, furtout pour ce qui concerne
la dénomination & la nouvelle conftitution des
mefures itinéraires.

3.° *l'Etalon des poids*, feroit fixé à *un demi tra-*
vers de main cubique d'or fin ou de coupelle;
il ne s'appelleroit plus la livre, mais il s'appel-
roit le *ponde*, ou tel autre nom qu'on jugeroit
à propos de lui donner.

4.° *Les mefures rondes ou de continence pour les*
feches feroient abrogées, toutes généralement,
fans exception, & les *poids feroient fubftitués*
à la place; enforte que, toutes les matières foumifes aux mefures rondes ou de continence pour les chofes feches ne pourroient plus
être indiquées que *par leur pefanteur*; toutes les
dénominations actuelles des mefures qui y feroient
rélatives, n'auroient donc plus lieu en aucune
façon.

5.°Enfin, *l'étalon des mefures creufes ou de*
continence pour les matieres liquides feroit fixé
à la capacité d'un vafe contenant un ponde jufte
d'eau de pluye diftillée en été au thermometre de
Reaumur, à 10 dégrés audeffus de Zero, le
poids du vafe déduit. Cet étalon ne s'appelleroit
plus autrement que *la bouteille*, & toutes les autres mefures de continence pour les matières liquides qui y auroient rélation *feroient entiérement*
abrogées, fuivant les principes que nous indiquerons.

Voila en racourci ce que nous propofons pour
la fixation des étalons des différens poids & mefures.

Comme en travaillant pour notre nation, nous
avons eû en vuë l'humanité en général, puifque
cet ouvrage pourra être *facilement appliqué à*
tous les pays, il feroit ce femble bien à défirer
que tous les fouverains & républiques de l'univers, particuliérement ceux de l'Europe, s'accor-

dassent à établir dans leur pays un poids & une mesure uniformes, tels que ceux que nous désignons. Quelles facilités n'en reviendroient-ils pas pour le commerce en général, & pour le bon ordre de la société en particulier? & quels avantages n'en résulteroient-ils pas pour toutes les nations! Il y a sans doute encore *de ces arbitres de la terre*, qui sont animés d'une véritable amour pour le bien public; plût à Dieu, qu'ils veullent se porter à l'exécution d'une chose aussi salutaire & aussi louable! & *que le vœu*, pour ainsi dire *unanime de toutes les nations* ne reste pas encore longtems vain & superflu!

Il s'agit actuellement de nous expliquer; de donner à nos vûes le développement dont elles sont susceptibles, & de tracer nos moyens d'abrogation des anciens étalons, & d'établissement des nouveaux à la place; c'est ce que nous allons tacher de remplir dans la seconde partie.

SECONDE PARTIE.

Contenant le développement de la fixation des étalons des différens poids & mesures, avec des moyens simples, courts & faciles pour l'abrogation partout des anciens, & l'établissement des nouveaux à la place.

Ce seroit envain, nous ne pouvons le dissimuler, *que les gens de lettres & tous les corps littéraires* se donneroient des peines pour parvenir à rendre les poids & mesures uniformes, s'il ne plaisoit *à la puissance souveraine* de parler, & de venir à leur appui; il en est peut être de même de quantité d'établissemens & d'objets d'utilité publique qui sont tous les jours le sujet de leurs spéculations & de leurs raisonnements; à notre avis, ce n'est guères *qu'aux maîtres du monde*, à qui il appartient de tout créer, & de tout vivifier & produire, puisqu'ils ont seuls le dépot des loix, de la volonté & du pouvoir généraux; tous les gens de lettres, toutes les Académies & tous les peuples enfemble, ne font fouvent pas parties capables de faire & d'opérer ce *qui ne leur coûtera qu'une parole!*

Sous un régne tel que celui de l'Augufte monarque qui gouverne la France, les peuples ont à fe féliciter de bien des avantages; il honore les fciences, il les recherche avec empreffement, & on prétend qu'il veut les récompenfer; il eft toujours prêt à adopter ce qui lui fera propofé d'avantageux & de conforme aux principes de la nature & de la raifon, mais il eft trop éclairé pour ne pas voir au moment ce qui n'y eft pas puifé; fecondé par des miniftres citoyens, non moins récommendables par leurs vertus & leurs lumieres, & qui, ainfi que fa Majefté, ne récherchent que le bien du Royaume, & veulent l'operer, *fuivant qu'on l'annonce*, il y a lieu de préfumer que le tems ne fera plus éloigné, où on verra éclore, par l'extirpation de quantité d'abus déplorables & nuifibles fur le fait des poids & mefures qui font actuellement en ufage, des fources fécondes de félicité pour le public.

Depuis que le monde commence à fortir de l'état de despotifme & de barbarie ou il gémiffoit, & que par le propagation des fciences & des arts, & par le fecours *de l'imprimerie, & des gens de lettres*, des mœurs plus polies ont fait place, furtout en Europe, à ces ufages déraifonnables, ridicules & féroces qui avoient lieu, & qui déshonoroient autant l'humanité qu'ils l'aviliffoient, les autres fouverains & leurs miniftéres ou leurs confeils, ainfi que les répréfentans des républiques, commencent à fentir toutes l'étendue de leurs obligations & à s'en pénétrer. Dans un an, on voit fouvent s'opérer aujourd'hui dans divers états plus d'établiffemens qui ont pour bùt l'utilité publique, qu'on n'en voyoit anciennement dans le cours de cent années.

Nous fommes affuré *que depuis* 1774, *époque de notre ouvrage fur les défrichemens, dont, nous l'avouons avec régret,* nous n'avons *malheureusement pas encore reçu la moindre récompenfe,* la plûpart des fouverains de l'Europe ont rendu plus d'ordonnances *fur cet objet, & fur la conftruction de beaux édifices,* (quoique, nous ofons le dire, les loix portées à ce fujet dans différens états n'ayent eu leur effet que d'une manière affez incomplette, rélativement aux avantages qu'elles auroient dû produire, le remede ayant quelquefois été prefque pire que le mal, à caufe *des variations & des changemens qu'on à fait à notre plan,*) qu'il n'a été rendu de ces ordonnances, & qu'il n'a peut être été opéré *de ces défrichements, dans l'efpace de plufieurs fiecles;* comme depuis longtems tous les peuples du monde en général, & ceux de l'Europe en particulier, défirent auffi *l'uniformité des poids & mefures,* il eft à croire que leurs fouverains ne la réfuferont plus à leurs preffantes inftances, & qu'ils ne tarderont plus à opérer en leur faveur cet acte éminent de bienfaifance.

L'état de la queftion fe réduit à développer de plus en plus notre plan, à quoi nous penfons que nous ne pourons mieux atteindre, que par la déduction des moyens mêmes que nous tracerons pour fon exécution.

Ces moyens font, comme nous avons déja eu lieu de l'annoncer, *des moyens légiflatifs,* fans les quels, nous le répétons, on ne parviendra jamais à faire la moindre chofe.

En établiffant dans le cours du préfent mémoire, la loi à peu-près que nous propofons, & qui pourra facilement être adaptée à tous les pays, nous aurons foin d'indiquer fure & à mefure les principales raifons de chaque difpofition.

Pour établir une loi ou un ufage quelconque au lieu d'un autre, il eft de régle qu'on abroge

l'ancien, afin de fubftituer l'autre à la place,
ainfi, comme il eft queftion d'établir de nouveaux étalons des poids & mefures, il eft con-
féqnent que les anciens foient abrogés ; c'eft ce qui
va faire le fujet de l'article premier de la loi que
nous propofons, laquelle feroit motivée dans
un préambule analogue, comme on voudroit, &
qui pourroit contenir les difpofitions fuivantes.

ARTICLE. I.

" Chaque fouverain & république fuprimeroit
,, & étcindroit tous les poids & mefures qui font
,, en ufage dans toutes les villes, bourgs, villa-
,, ges, hameaux & lieux de fa domination, & de
,, toutes les isles, colonies & potfeffions qui en
,, dépendent; fcavoir :

" *En ce qui concerne les mefures des tems ;* la
,, divifion du jour en 24 heures égales ou inégales ;
,, l'ufage de commencer le jour à minuit, au com-
,, mencement du jour ou au coucher du foleil ; la
,, divifion de l'heure en 60 minutes, de la minute
,, en 60 fecondes, de la feconde en 60 tierces, de
,, la tierce en 60 quatierces & au deffous, & tou-
,, tes les autres divifions des heures ou de leurs frac-
,, tions dans tous les pays.   La divifion de la cir-
,, conférence que fait la terre tournant fur fon axe,
,, ou que le foleil parait décrire autour de la terre,
,, en 360 dégrés, du dégré en 60 minutes, de
,, la minute en 60 fecondes, de la feconde en
,, 60 tierces, de la tierce en 60 quatierces & au-
,, deffous.

" *En ce qui concerne les mefures longues d'inter-*
,, *valles, itinéraires, quarrées, cubes & folides,*
,, toutes les mefures fous le titre de points, de
,, lignes, de pouces, de pied ordinaire, de pied de
,, vitrier, de pied d'architecte, de pied de Roi,
,, de pied de mefure des pierres de taille dans les
,, carrières, & tous les autres; les pas ordinaires,

„ les pas géométriques & tous les autres; les toises
„ & les perches ordinaires & extraordinaires ;. tou-
„ tes les mesures sous le titre d'aunes, de cadée,
„ de barre, de canne, de brasse, de raze, de
„ picht, d'arcin, de coudée, de cavidos, de varre,
„ de verge, de cobre, de gueze, de kando, de
„ pan, & toutes les autres; toutes les mesures sous
„ le titre de mille, de lieue, de parasangues, de
„ gos, de lis, de pu, de stades, de schœnes, de
„ cosses, de vertes, ainsi que les dégrés, de la
„ manière dont on en fait usage aujourd'hui; tou-
„ tes les mesures sous le titre d'arpens, d'acres,
„ de journaux, de setiers, de saumées, de fauchées,
„ de poles, de paces, de jard, de rubbio, de
„ moggio, & toutes les autres mesures longues
„ d'intervalles, des tems, itinéraires, d'arpentage,
„ quarrées, cubes & solides, telles que ces der-
„ nières se supputoient cy-devant, sous quelque
„ titre & dénomination que ce soit, ici exprimées
„ ou non exprimées.

„ *En ce qui concerne les mesures creuses, ou de*
„ *continence pour les matières liquides*, toutes les
„ mesures sous le titre de pouces larges cubes,
„ de roquilles, de poissons, de demi septiers, de
„ chopines, de bouteilles, de pintes, de quartes,
„ de pots, de septier, de feuillette, de muid, &
„ des distinctions de vin clair ou de vin marc &
„ lie, de demi queue, de tonneau, de millerolle,
„ de pichés, de mingles, de firtels, de steckans,
„ d'anker, d'œm, de verges, de bottes, de pipes,
„ de robes, d'azumbres, de quarteaux, d'almu-
„ des, de cavados, de quatas, d'alquiers, de fu-
„ der, de vœder, de mas, de fertel, de trickin,
„ de bezon, d'inne, de jé, de gallons, de bar-
„ riques, de firkins, de filderkins, de hogsheats,
„ d'antales, de bocales, de rubbo, de branta, de
„ staro, de baril, de fiascos, de stop, de tonne',
„ de velte, de hotte, & toutes les autres mesures
„ des liquides que ce puisse être, ainsi que leurs
„ bâtons ordinaires de jauges.

"En ce qui concerne les *mesures rondes ou de*
„*continence pour les chofes feches*, tous les litrons,
„les boiffeaux, les minots, les mines, les feptiers,
„les muids, les quarterons, les bichets, les vif-
„pel, les fcheffel, les fiertel, les metzen, les laft,
„les veys, les quarters, les combes, les ftrickes,
„les bushels, les pecks, les gallons, les pottles,
„les quartes, les muldes, les fcheppels, les vier-
„devats, les kops, les fchetford, les facs, les ton-
„nes, les halfter, les chepebs, les alquiers, les
„maldres, les anagros, les razieres, les fanegues,
„les emines, les ftaros, les cordes, les membru-
„res, les chaines, les anneaux; & les diftinctions
„de ces mefures rélativement à différentes deftina-
„tions; les mefures par cahier, par mains, par
„rames, par balles, par millier, par cent, par
„quarterons, par douzaine, par voitures, par
„charette, & toutes les autres mefures des matiè-
„res féches quelconques fous quelque titre & dé-
„nomination que ce puiffe étre.

"En ce qui concerne les poids; tous les poids
„ordinaires fous le titre de poids de marc, de
„poids de table, de poids de romaine, de poids
„de vicomté, de poids de Troye, de poids avoir
„du poids; de livre, de marc, d'once de gros, de
„denier, de grain, de prime, de demi, de quart,
„de huitième, de feizième & de trente-deuzième
„de grain ou de prime, & les autres fractions;
„la différence des livres & des autres poids pour
„la foie, la cochenille, le corail, l'or, l'argent,
„les pierreries; la différence des poids établis pour
„les effayeurs, les métallurgiftes & autres perfonnes
„de quelque profeffion que ce puiffe étre; les
„poids de médecine, particulièrement les dragmes,
„les fcrupules, les oboles, les grains, les fafcicu-
„les, les poignées; les pincées, les cueillerées,
„les taffes, les petits verres & les autres fortes
„de poids & mefures qui font en ufage chez les
„médecins; les pites, les droits, les perits, les
„flancs; les quintaux; les diftinctions de gros

„poids, de poids subtil, & autres; les schippondt,
„les lispondt, les pierres ou steen, & leurs distin-
„ctions suivant les marchandises; les bercovetz,
„les poudes, les solotniches, les poet, les batte-
„mans, les ocos, les chequi, les rottes, les rot-
„tolis, les picos, les cattis, les taels, les picols,
„les bahar, les mas, les condorin, les mans, les
„serres, les sacheray, les arobes, les rottes, &
„leurs distinctions, & tous les poids & mesures
„généralement quelconques, quelque nom & dé-
„nomination qu'ils puissent avoir, ainsi que toutes
„les fractions, multiplications, divisions, & distin-
„ctions qui leur sont particulières.

A la vue d'un si grand nombre de noms singuliers & barbares, un lecteur qui n'aura qu'une assez foible teinture du commerce aura lieu d'être
surpris; il sera presque tenté de croire qu'ils n'ont
été inventés qu'à plaisir; s'il vient à considérer
que dans la plupart des Royaumes, Empires, Républiques & Etats du monde, il y en a peut-être
plus de 20 mille fois davantage, puisqu'il n'y a guères de villes & de bourgs, surtout en France, en
Allemagne, en Espagne, en Pologne, en Italie &
ailleurs qui n'ayent des poids & mesures qui ont
des noms différens, son étonnement augmentera
de ce qu'on a pu les laisser subsister aussi longtems, puisqu'il était si facile de les abroger; qu'on
joigne à tous ces poids & mesures les divisions &
sousdivisions qui leur sont particulières, ainsi que
leurs fractions & multiplications, qui sont souvent
distinguées par des noms différens, & on jugera
combien tous ces poids & mesures exigent de la
part des marchands & négociants de calculs, d'é-
tude, d'attention & de peines; une loi qui *supprimeroit & éteindroit tous les poids & mesures
à la fois*, tant ceux qui sont cy-dessus nommés,
que ceux qui ne le sont pas, seroit donc un moyen assuré de trancher bien des difficultés, d'obvier à bien des inconvéniens, & de produire
bien des avantages.

Nous avons dit que chaque Souverain & République en particulier, supprimeroit tous les poids & mesures qui sont en usage dans l'étendue de sa domination, & nous n'avons pas dit tous les Souverains & Républiques en général ; la raison est, qu'il seroit difficile qu'un si grand nombre qu'il y a, s'accordassent à établir une même chose dans tous les points, quelqu'avantageuse qu'elle puisse être ; peut-être voudront - ils y mettre des modifications & des restrictions qui nous paroissent assez superflues. Ce seroit en effet un des plus grands phénomènes qu'on puisse voir qu'ils ne le fassent pas ; or, comme il est libre à chaque Souverain & République, d'établir dans les Etats de sa domination ce qui est trouvé avantageux aux peuples, & comme cet acte de volonté & de bienfaisance est indépendant de celui des autres Souverains voisins, ou avec lesquels il y a relation respective de commerce, nous avons établi que chacun en particulier, c'est-à-dire, les Souverains & les Républiques dont ce seroit *leur volonté & leur bon plaisir*, supprimeroient, *chacun dans ses Etats* les poids & mesures qui y sont en usage, & non tous les Souverains & Républiques collectivement & en général, parceque cette unanimité ne seroit rien moins que certaine.

Nous avons étendu cette suppression à toutes les villes, bourgs, villages & endroits des isles, colonies & possessions de différentes puissances qui en ont ; en effet : il est bien étonnant qu'on fasse souvent des distinctions & des exceptions à cet égard, au préjudice de pays, ou bien de villes auxquelles on accorde moins de privilège qu'aux autres ; (comme si des citoyens qui participent aux mêmes charges pouvoient être exclus de la participation des mêmes avantages ?) des exemples frappants ont démontré l'abus & l'erreur de ces prétendus privilèges aussi injustes qu'absurdes ; ce n'est pour ainsi dire que la réclamation des peuples contre ces privilèges & ces faveurs exclusives,

qui

qui a dans tous les tems donné lieu aux guerres qui ont désolé la terre, & qui a fait verser des ruisseaux de sang humain; sans cela, la nation angloise verroit sans doute encore les Etats unis de l'Amérique au nombre de ses citoyens les plus attachés. C'est par la réconnoissance d'une vérité fondée sur toutes les régles de la raison, & sur tous les droits de la nature, que nous avons cru ne devoir pas omettre d'établir cette disposition.

Pour ce qui touche le détail des poids & mesures de chaque Royaume, Empire, République & Etat, il se feroit dans l'ordonnance de chaque Souverain & République, suivant les noms, les distinctions & les usages particuliers qui sont établis dans les pays de sa domination, chacun à son égard.

ARTICLE II.

„Et de la même authorité chaque Souverain &
„République *créeroit & établiroit*, pour être
„suivi & exécuté de point en point dans toute l'é-
„tendue de ses Royaume, Empire, République &
„Etats, isles, colonies & possessions qui en dé-
„pendent, *les étalons des poids & mesures qui*
„*suivent*, savoir:

„L'étalon de toutes les mesures longues d'inter-
„valles, des tems, itinéraires, quarrées, cubes
„& solides, mentionnées en l'article précédent, &
„autres, de quelqu'espèce, qualité & dénomina-
„tion que ce puisse être, qui seroit proprement à
„l'avenir *de la longueur de la moitié d'un travers*
„*de main*, ou de deux travers de doigt mitoyens,
„s'appelleroit *le demi travers de main*; sauf à
„changer cette dénomination en celle plus facile
„dont il sera fait mention cy-après.

„*Le nouveau demi travers de main* consisteroit
„dans *un pouce large, cinq lignes & neuf points*
„*justes* du pied actuel de Paris, divisé en 1728
„points.

„Le demi travers de main seroit divisé par uni-

D

„ tés, dixaines, centaines, jufqu'à 1000 points
„ microfcopiques; & par unités & dixaines jufqu'à
„ 100 points ordinaires; le point ordinaire vallant
„ 10 points microfcopiques.

„Le demi travers de main fe nombreroit comme
„ à l'ordinaire; fe couperoit en fractions comme il
„ va être dit; fe multiplieroit & fe diviferoit par
„ les quantités décimales; & on exprimeroit, con-
„ formément à la nature, les nombres intermé-
„ diaires des quantités décimales des multiplica-
„ tions & des divifions.

„En conféquence, très-expreffes inhibitions &
„ défenfes feroient faites à toutes perfonnes de
„ quelque qualité & condition qu'elles foient, fous
„ peine d'une forte amande au profit du Fifc,
„ dont le tiers feroit applicable au dénonciateur,
„ dont le nom refteroit inconnu, d'ufer à l'avenir
„ pour exprimer les nombres, les fractions, les
„ multiplications & les divifions du demi travers
„ de main, ou des mefures longues quarrées ou
„ cubes, de points du pied ordinaire, de lignes,
„ de pouces; de pied ordinaire, de pied de vi-
„ trier, de pied d'architecte, de pied de Roi, de
„ pied pour la mefure des pierres de taille dans
„ les carrières & de tous les autres; de pas ordi-
„ naire, de pas géométrique & de tous les au-
„ tres; de toifes & de perches ordinaires & ex-
„ traordinaires, & d'autres dénominations pareilles,
„ mentionnées en l'article premier, & de toutes
„ les autres généralement quelconques cy-devant
„ ufitées; mais il leur feroit enjoint de ne plus
„ fe fervir à l'avenir que de celles cy-après ou
„ bien d'analogues, favoir:

„*Pour les nombres*; d'un, deux, trois, quatre,
„ cinq, fix, fept, huit, neuf demi travers de main;
„ ou bien, d'un demi travers de main, d'un double,
„ d'un triple, d'un quadruple, d'un quintuple, d'un
„ fextuple, d'un feptuple, d'un octuple & d'un neuf-
„ tuple demi travers de main.

„*Pour les fractions*; de trois quarts, de deux

„tiers de demi travers de main ; de la moitié
„d'un demi travers de main ; d'un tiers, d'un
„quart de demi travers de main ; d'une cinquiè-
„me, d'une sixième, d'une septième, d'une hui-
„tième & d'une neufième partie de demi travers de
„main.

„*Pour les multiplications* ; de dix demi travers de
„main ; de cent, de mille, de dix mille, de cent mille
„demi travers de main ; d'un million, de dix
„millions, de cent millions de demi travers de
„main ; d'un billion, de dix billions, de cent
„billions de demi travers de main ; d'un trillon,
„de dix trillons, de cent trillons de demi tra-
„vers de main; de quatrillons, de quintillons,
„de sextillons, de septillons, d'octillons, de neuf-
„tillons, de dixtillons, d'onzetillons, de douze
„tillons, de treizetillons, de quatorzetillons, de
„quinzetillons, de seizetillons de dix septillons,
„de dixhuitillons, de dixneuftillons, de vingtillons
„de demi travers de main; & ainsi à l'infini.

„*Et pour les divisions* ; d'une dixième d'une
„centième & d'une millième partie de demi tra-
„vers de main.

„Pareilles défenses seroient faites, sous la même
„peine d'amande, à toutes personnes de quelque
„qualité & condition qu'elles soient, d'exprimer
„les nombres intermédiaires des quantités décima-
„les du demi travers de main, autrement que,
„*conformément à la nature* ; comme par exemple
„*pour les multiplications,* par onze, douze treize,
„quatorze, quinze demi travers de main; cin-
„quante six, cinquante sept, cinquante huit cin-
„quante neuf demi travers de main ; deux, trois,
„quatre, cinq cens demi travers de main; six,
„sept, huit, neuf mille demi travers de main ;
„deux, trois, quatre, cinq cens mille demi tra-
„vers de main ; six, sept, huit, neuf millions,
„billions, trillons, quatrillons, quintillons sex-
„tillons, septillons, octillons, neuftillons, dixtil-
„lons, onzetillons, douzetillons, treizetillons,

D 2

„ quatorzetillons, quinzetillons, feizetillons de
„ demi travers de main, & ainfi à l'infini.

„ *Et pour les divifions*; par le point ordinaire
„ ou microfcopique intermédiaire des décimales,
„ auquel la chofe mefurée contre le demi travers
„ de main aura abouti; comme par exemple, au
„ onzième, au douzième, au treizième, au qua-
„ torzième, au quinzième point ordinaire ou mi-
„ crofcopique; au cinquante fixième, au cinquante
„ feptième, au cinquante huitième, au cinquante
„ neufième point ordinaire ou microfcopique; au
„ deux, trois, quatre, cinq, fix, fept, huit, neuf.
„ centième point microfcopique, & audeffus, juf-
„ qu'au neuf cens quatre-vingt-dix-neufième point
„ microfcopique inclufivement.

Après avoir fupprimé les anciennes mefures longues d'intervalles, des tems, itinéraires, quarrées,
cubes & folides, nous avons jugé néceffaire d'é-
tablir le nouvel étalon des longueurs que nous
propófons, pour être fubftitué à leur place.

Cet étalon feroit, comme nous avons eu lieu
de le dire, une mefure qu'on appelleroit *le demi
travers de main*, dérivant de fa valleur en longueur; il convient que nous développions encore
davantage que nous l'avons fait, nos idées à ce
fujet, vu l'importance qu'il y a, comme on verra, de fixer le meilleur étalon poffible des longueurs.

Nous difons 1° que le nouvel étalon des mefures des longueurs, qui feroit proprement la moitié d'un travers de main, ou deux travers de
doigts moyens, s'appelleroit à l'avenir *le demi travers de main*, & qu'il feroit équivalent à *un pouce,
cinq lignes & neuf points du pied de Paris* divifé
en 1728 points.

Nous avons déja eu lieu d'établir au long dans
la première partie, furquoi étoit fondé l'établiffement d'un étalon de pareille longueur, préférâ-
blement à tout autre. Nous ne nous répétérons
pas.

Il est bien vrai, que cette dénomination, composée de *quatre mots* qui répondent à la mesure naturelle, seroit *assez étendue.* Si on veut substituer *un autre nom à la place*, il sera fort libre de le faire. A cette occasion, nous osons penser que le lecteur ne nous saura pas mauvais gré d'une petite ouverture que nous croyons pouvoir faire ici, *& qui nous touche personnellement.* Elle consiste à faire connoître, qu'il ne nous seroit pas indifférent, que l'étalon des longueurs soit appellé *du nom de l'inventeur* de l'uniformité des poids & mesures. Nous osons penser, que par la composition d'un ouvrage, *tel que le notre*, on daignera ne pas méconnoître que nous y avons quelques droits. Quelque peu d'ambition que nous ayions par nous même, nous osons espérer qu'on nous en pardonnera une de cette espèce; puisque cet honneur n'a pas été refusé à nos pareils, dans tous les temps & dans tous les pays. Il y a lieu de croire, qu'en se servant *du nom de* L'INVENTEUR, pour désigner l'étalon des longueurs, on ne le pratiqueroit pas *avec moins de justice*, *que d'avantage.* Nous continuerons néanmoins d'appeller dans le cours de cet ouvrage, le nouvel étalon des mesures longues, des mots de *demi travers de main.*

Nous disons 2.º que le demi travers de main serait divisé par unités, dixaines, centaines, jusqu'à 1000 points microscopiques; & par unités & dixaines jusqu'à 100 points ordinaires; le point ordinaire vallant 10 points microscopiques.

Par cette disposition, on voit, que nous avons adopté les divisions décimales, préférablement à toutes les autres; nous doutons qu'il soit possible d'en choisir de meilleures & de plus aisées à réduire & à calculer. Tout ce que nous aurons lieu de dire cy-après en étant une preuve assez convainquante, nous ne pouvons que nous y référer.

Nous avons divisé le demi travers de main par

unités, dixaines, centaines, jusqu'à 1000 points microſcopiques ; par ce moyen, rien ne ſera plus facile aux phyſiciens & aux autres perſonnes de déterminer plus au juſte les véritables dimenſions des objets microſcopiques, & de leurs parties, puiſque ces objets auront un rapport & une proportion marquée avec l'étalon entier des longueurs, ou le demi travers de main. Cette diviſion ſervira auſſi avec ſuccès à applanir la route dans cette belle partie de la phyſique, ou de la ſcience de la nature, malheureuſement trop négligée de nos jours.

Qu'on ne penſe pas qu'il ſerait impoſſible de diviſer notre étalon en 1000 points microſcopiques, puiſqu'au rapport des gens de l'art, un pouce du pied de Paris contient ordinairement 600 points capillaires & viſibles à l'œuil nud ; à combien plus forte raiſon un pouce, cinq lignes, neuf points du même pied, n'en pourront-ils pas contenir mille microſcopiques & inviſibles à l'œuil ? les points microſcopiques que nous choiſiſſons ne ſeront donc encore que dans la claſſe des médiocres.

Mais, le nouveau demi travers de main ſeroit auſſi diviſé dans ſon entier par unités, dixaines, juſqu'à 100 points ordinaires ; la raiſon eſt, qu'étant difficile de faire uſage dans le commerce ordinaire des points microſcopiques, qui ſeroient preſqu'imperceptibles à la vue, il conviendroit que le nouvel étalon ſoit diviſé en des points raiſonnables, & aſſez gros, pour pouvoir ſervir de règle dans les aunages, dans les meſures d'intervalles, & pour d'autres uſages.

Les points ordinaires que nous propoſons, qui renfermeroient chacun dix points microſcopiques, ne contiendroient ni la trop grande petiteſſe des points du pied de certains pays, tels par exemple que du pied de Paris diviſé en 1728 points ; ni la grandeur extraordinaire des points d'autres pays. Ils ſeroient eſpacés, à chaque dixaine ou cinquantaine de points, par des petites lignes, à peu-près comme le font les pouces ou les lignes des pieds de Roi d'aujourd'hui.

Nous difons 3°, que le demi travers de main fe nombreroit comme à l'ordinaire, fe couperoit en fractions, fe multiplieroit & fe diviferoit par les quantités décimales, & qu'on exprimeroit les nombres intermédiaires des quantités décimales des multiplications & des divifions, conformément à la nature.

Nous ne nous arrêterons pas à commenter ces principes & ces préliminaires, dont on ne tardera pas à voir le développement.

Nous difons 4°, qu'en conféquence défenfes feroient faites à toutes perfonnes, fous peine d'amande, de plus fe fervir pour exprimer des nombres, fractions, multiplications & divifions de la mefure des longueurs, des termes de points du pied; de lignes; de pouces larges; de pied différencié de toutes les façons; de pas ordinaire, géométrique & d'autres; de toifes; de perches ordinaires & extraordinaires, & de toutes les autres dénominations femblables; mais qu'elles devroient fe fervir à l'avenir de la méthode que nous défignons.

La néceffité des défenfes dont nous venons de faire mention, doit paroître affez naturelle, & même celle de l'amande que nous avons prefcrit contre les contrevenants; en effet : il eft connu que des ufages & des abus auffi anciens & auffi communs & invétérés ne s'extirperoient pas facilement, furtout parmi le menu peuple, à moins d'y mettre un frein & de l'y intéreffer. Nous allons établir de plus en plus les principes & les régles de ce que nous avons prefcrit.

Toutes les diftinctions de pied de vitrier, de pied d'architecte, de pied de Roi, de pied de mefure pour le toifé des pierres de taille dans les carrières, & toutes les autres femblables; celles de pas ordinaire, de pas géométrique & d'autres; celles de toifes, de perches de tel ou tel endroit,

de telle ou telle jurifdiction ou maifon royale ou
feigneuriale, de telle ou telle coûtume, de telle
ou telle province ou pays, n'auroient plus lieu &
difparoitroient abfolument pour toujours. La confufion qui nait de toutes ces diftinction , & la peine
d'efprit qu'elles occafionnent fouvent, tandis qu'on
peut facilement fe fervir *d'une feule mefure uni-*
forme, *comme du demi travers de main ou de*
fes multiplications pour tous les objets d'étendue
rappellés cy-deffus, & les autres, fera affez concevoir, combien il feroit utile que toutes ce, diftinctions foient abrogées & entièrement aneantie.

·   *Nous difons* 5°, que le demi travers de main,
fe nombreroit comme à l'ordinaire, c'eft-à-dire,
par un, deux, troi , quatre, cinq, fix, fept,
huit. neuf demi travers de main, & audeffus.

Cela eft trop naturel, pour qu'il paroiffe·be-
foin de nous étendre fur cet objet.

Nous difons 6°, que le demi travers de main
fe couperoit en fractions par trois quarts, deux
tiers de demi travers de main; moitié d'un demi
travers de main; un tiers, un quart de demi travers de main; une cinquième, une fixième, une
feptième, une huitième & une neufième partie de
demi travers de main.

En effet, ce font à peu-près toutes les fractions
dont le nombre *dix* eft fufceptible; vouloir les
étendre au delà, comme par exemple, par $\frac{4}{5}$èmes
$\frac{5}{6}$èmes $\frac{6}{7}$èmes $\frac{7}{8}$èmes $\frac{8}{9}$èmes $\frac{9}{10}$èmes de demi travers
de main, ce feroit déja chercher à mettre de la
confufion dans les comptes. Il fera libre d'ailleurs
de s'en fervir s'il y avait lieu de le faire; mais il
nous paroit qu'il feroit utile, pour la facilité des
calculs, que toutes les fractions, autres que celles que nous avons défigné, foient exclues dans
les comptes, autant qu'il feroit poffible.

De cette manière, on ne nommeroit plus les
fractions du demi travers de main, que par leur
Etat naturel.

L'avantage de cette méthode saute aux yeux; en effet: qu'est-il besoin de dire, un, deux, trois pouces larges? cinq, six, sept lignes? neuf, dix, onze points? lorsqu'on peut dire avec beaucoup plus de facilité, la moitié d'un demi travers de main; un tiers, un quart de demi travers de main; une cinquième, une sixième, une septième, une huitième & une neuvième partie de demi travers de main; ou plûtot, pour trancher court à toutes les fractions, tel nombre déterminé de points ordinaires ou microscopiques du nouveau demi travers de main. Il est sensible que ces dernières dénominations seroient beaucoup meilleures.

Nous disons 7°, que le demi travers de main se multiplieroit par dix, cent, mille demi travers de main; millions, billions, trillons, quatrillons, quintillons, sextillons, septillons, octillons, neuftillons, dixtillons, onzetillons, douzetillons de demi travers de main, & au dessus, par les quantités décimales, jusqu'à l'infini.

L'avantage de cette méthode n'est pas moins frappant; il est certain, que les quantités décimales sont celles qui se nombrent, se coupent en fractions, se multiplient & se divisent le plus facilement. L'expérience journallière ne peut que le confirmer à tout le monde.

On ne se serviroit donc plus pour toutes les mesures d'intervalles que *de la multiplication* des demi travers de main; ainsi, qu'est il besoin de dire pour exprimer plusieurs demi travers de main rassemblés, un ou plusieurs pieds, pas, aunes, brasses, toises, perches, arpents, acres, journaux? une ou plusieurs lieues, milles, parasangues, verstes, dégrés? lorsqu'on peut dire avec autant de facilité, un, deux, trois, quatre, cinq, six, sept, huit, neuf, dix demi travers des main; cent, mille, dix mille, cent mille demi travers de main; un million, dix millions, cent millions de demi travers de main; billions, trillons, quatrillons, quintillons, sextillons, septillons, octillons, neuftillons, dixtillons,

onzetillons , douzetillons , treizetillons , quatorzetillons , quinzetillons , feizetillons de demi travers de main , & ainfi jusqu'à l'infini. Il eft
avéré , que par cette dernière méthode, la quantité
des demi travers de main , & l'étendue des mefures, s'entendront beaucoup plus facilement, que par
mille & mille fortes d'autres noms qui font aujour-
d'hui en ufage , & qui ne font qu'embrouiller, furtout pour les aunages, les arpentages & les mefures
des temps, des diftances & des folides ; comme ces
objets font de la plus grande importance , nous avons
cru devoir en faire le fujet d'articles particuliers.

Quant aux pieds, quels qu'ils foient, ils feroient
défignés par le nombre de demi travers de main ;
les pas foit ordinaires, foit géométriques ou autres,
ne peuvent, à notre avis, guères faire la régle d'une
mefure exacte , puifqu'ils font différens dans prefque tous les individus fuivant leur fexe & leur âge.
Quant aux toifes & aux perches , il n'en coute pas
plus à quelqu'un de dire : dix, vingt, trente, quarante, cinquante, cent, mille demi travers de main ;
& audeffus ; ou bien de dire : un , deux , trois ,
quatre, cinq, fix, fept, huit, neuf, dix toifes,
pas, perches ou d'autres noms pareils, dont on ne
connoît fouvent pas la valleur, & fi ce font
des toifes , des pas, & des perches ordinaires
ou extraordinaires ; on eft prefque toujours forcé
pour en favoir la valeur jufte de les réduire,
avec des calculs & des pertes de tems immenfes ,
à l'étalon matrice ou au pied d'un certain endroit.
Il eft facile de concevoir qu'en défignant toutes
les anciennes mefures par la multiplication des demi travers de main, leur valleur, quelle qu'elle puiffe
être, fe préfenteroit naturellement à la vue & à
l'efprit, d'une manière au moins auffi facile, & en
même tems beaucoup plus fimple, plus jufte &
plus lumineufe.

Nous difons 8°, que le demi travers de main
fe diviferoit par dixième, centième & millième
partie. Les raifons de cette divifion font les mé-

mes que celles de la multiplication, & il n'en pourroit que réfulter les mêmes effets avantageux; comme nous avons déja eû lieu d'en parler, nous ne nous répéterons pas.

Nous difons 9°, que pareilles défenfes feroient faite, comme celles cy-devant rappellées, à toutes perfonnes, d'exprimer les nombres intermédiaires des quantités décimales, tant pour les multiplications, que pour les divifions du demi travers de main, que conformement à la nature, & ainfi que nous les défignons par le détail.

Les mêmes raifons que nous avons déja déduit cy-deffus pour les multiplications & les divifions des quantités décimales, peuvent fervir à établir nos propofitions pour les nombres qui en font les intermédiaires. Nous ne nous arrêterons pas ici *aux multiplications* des nombres intermédiaires, puifqu'ils fe conçoivent affez; il ne s'agira que *de leurs divifions.* Nous prefcrivons que, dans l'ufage ordinaire, on faffe connoitre l'étendue de l'objet mefuré par le quantième point ordinaire ou microfcopique du demi travers de main, auquel il aura abouti. Nous penfons que, par cette méthode, tous les mefurages ne pourront que gagner infiniment en exactitude & en précifion. En effet : qu'eft-il befoin de dire un pied, & tant de pouces, tant de lignes, tant de poïnts? tandis qu'il eft plus facile de dire tout fimplement, un, deux, trois, quatre, cinq demi travers de main, & tant de points? fix, fept, huit, neuf, dix demi travers de main, & tant de points? de cette manière, on ne pourra plus fe tromper, ni être trompé, *au plus petit point près.*

ARTICLE III.

„Pour ce qui concerne les objets microfcopiques „ou invifibles à l'œuil nud, leur grandeur & leur „proportion feroit defignée d'après un ou plufieurs „points microfcopiques du nouveau demi travers „de main, ainfi que cela feroit jugé néceffaire.

Comme les objets microscopiques font un fujet très-intéreffant & de la plus grande étendue dans l'ordre de la phyfique, nous avons crû devoir en faire un article particulier. Nous difons que, s'agiffant de mefurer ces fortes d'objets, on fe feriroit de la groffeur d'un ou de plufieurs points microfcopiques du demi travers de main; rien fans doute ne feroit plus efficace pour en faire connoître plus au jufte les dimenfions & la véritable étendue.

Il eft avéré, qu'il y a dans la nature une grande quantité d'objets, même vivants, qui font fi prodigieufement petits, que fi on ne les voyoit pas de fes propres yeux, à l'aide d'un bon microfcope, fémillans & pleins de vie, on auroit grande peine à le croire, & on feroit tenté de taxer leur exiftence pour être fabuleufe & tout à fait impoffible. Tels font par exemple, un grain de farine, de poudre à poudrer, de pouffière; le diamètre d'un cheveu; une petite particule d'eau; un petit animal d'eau de poivre; une mite, & quantité d'autres objets. Ainfi, nous conviendrons par exemple, que le diamètre du corps d'une mite, (animal qui fe trouve dans le fromage, & qu'on y voit à la vue fimple tomber en des milliers de particules de pouffière mouvante) n'eft guères plus gros que de quatre ou cinq points microfcopiques du nouveau demi travers de main; à combien plus forte raifon, fa tête, fon muzeau, fa bouche, fes yeux, fon cou, fon ventre, fes jambes au nombre de huit, & leurs jointures au nombre de fix, fes deux ongles, fes œufs & fes petites foyes? un obfervateur pourra donc à l'avenir proportionner avec plus de jufteffe qu'auparavant toutes ces parties de la mite, & celles des autres animaux microfcopiques, en les comparant au point microfcopique du demi travers de main; & fes autres parties à proportion. Il faut avouer, que c'eft dans les petites chofes, pour le moins autant que dans les grandes, que fe déploye & fe fait admirer *la grandeur de Dieu!* combien ne doit pas être immenfe, la puiffance de celui qui, dans une fimple goutte d'eau de poivre, a pu placer & nourrir des billions d'habitans !

Or, comme nous ne prétendons pas gêner les naturaliftes, & les phyficiens, dans la recherche des objets microfcopiques, mais qu'au contraire, nous défirons de les voir encouragés, & que nous prétendons leur applanir & leur faciliter la route pour y parvenir avec plus de fuccès, c'eft pourquoi nous avons taché de leur indiquer une mefure plus jufte que prefque toutes celles qui ont été inventées jufqu'aujourd'hui, & qui ont été mifes en ufage avec un travail, une attention & des peines infinies ; & nous avons cru ne devoir pas manquer de faire pour ces objets microfcopiques la jufte exception qui leur convient.

Dans des circonftances pareilles, le demi travers de main fe diviferoit donc en mille parties ; & chaque point ou millième partie du demi travers de main fe diviferoit encore par les phyficiens & les naturaliftes, en des autres parties plus petites, s'ils le jugeoient néceffaire ; ce qui leur ferviroit fûrement avec beaucoup plus d'avantage à défigner les rapports de petiteffe, & les différences juftes de ces objets microfcopiques, avec les autres corps, que toutes les mefures que ce puiffe être, qui ont été inventées jufqu'aujourd'hui pour cet effet. Mais, le lecteur eft toujours prié de faire attention, qu'il n'eft ici queftion que d'objets d'une immenfe petiteffe, & qui font pour la plupart tout à fait invifibles à l'œuil ordinaire.

ARTICLE IV.

„En conféquence des difpofitions des articles
„précédents, chaque fouverain & république
„feroit auffi défenfes dans toute l'étendue de fes
„états, de plus fe fervir a l'avenir d'aucune aune
„ou aunage, fous quelque dénomination que ce
„foit ; nommément, fous le titre d'aune, de cadée
„de canne, de barre, de palme, de braffe, de

„ rafe, de picht, d'arcin, de coudée, de cavidos,
„ de verge, de cobre, de gueze, de kando, de
„ ken, de pan & de toutes les autres; & de me-
„ furer le pouce devant l'aune où autrement; mais
„ il feroit enjoint a chaque perfonne, fous la même
„ peine d'amande que cy-deffus, de ne plus
„ défigner a l'avenir les mefures des marchandifes,
„ auparavant fujettes aux aunages, que par les
„ nombres, fractions, multiplications & divifions de
„ demi travers de main; en conformité des prin-
„ cipes & des regles qui ont été expliqués cy-
„ deffus pour les pieds & les toifés; de maniere
„ que, lorfqu'on mefurera à l'avenir des draps,
„ des rubans, des foyes, ou d'autres marchan-
„ difes, on devra en énoncer l'étendue, par un,
„ deux, trois, quatre, cinq, fix, fept, huit, neuf,
„ dix demi travers de main ; vingt, trente, qua-
„ rante, cinquante demi travers de mains, & au
„ deffus, avec la fraction du dernier demi travers
„ de main, s'il y en a une ; ou plutôt, avec
„ le dernier point auquel aura abouti la chofe
„ mefurée.

Le grand ufage qu'on fait tous les jours des
aunes & aunages, & leur multiplicité, fous des
noms divers, dans différens pays de l'Europe &
du monde, nous ont determiné a en faire un article partioulier. L'importance de cette partie eft
affés connue, & les abus qui en réfultent mé-
ritent certainement une férieufe attention. Où eft
la poffibilité de ne pas fe méprendre, ni d'être
trompé, dans cette grande quantité qu'il y a d'aunes & d'aunages de toutes les façons ? puifqu'il
il n'y a guères, de ville en france, & dans toute
l'Europe, qui n'ait la fienne, & fouvent deux ou
trois? l'abolition entiere de ce grand nombre
d'aunes, qui ne font que confufion, & qui occafionnent fouvent des embarras & des filouteries
de bien des efpèces, ne pourroit donc qu'être de
la plus grande utilité; il y a longtems qu'elle
eft défirée avec empreffement, non feulement par

les marchands & les négocians de tous les pays,
mais encore par les particuliers, notament par tous
les gens qui désirent sincérement le bien public.

Tout le monde sans doute est d'accord sur
l'abus, & le désordre; tout le monde en convient;
il ne manquoit que des moyens pour mettre cette
suppression des aunes & des aunages en éxécution, & de substituer en même tems une mesure commune à la place, qui soit meilleure que
les précédentes, & qui soit exempte d'inconve-
niens; Or, ce sont des moyens de cette espèce
que nous proposons dans l'article cy-dessus; &
nous osons croire qu'on réconnoitra facilement
qu'il ne leur manque rien pour remplir parfaitement l'objet proposé, que d'être mis en éxécution: ainsi, qu'il soit question par exemple, de
mesurer une étoffe, des rubans, ou d'autres marchandises de la longueur d'une, de deux, ou de
trois aunes & plus, par l'aune de Paris: comme
elle contient $29\frac{3}{1}$ demi travers de main, on dira que cette étoffe contient vingt-neuf, trente,
quarante, cinquante, soixante, cent demi travers
de main, plus ou moins; cette dernière dénomination
ne doit pas sans doute paroitre moins facile que celle
qui est en usage; au moyen de quoi, chaque acheteur quel qu'il soit, non plus que les marchands
mêmes, ne pourront plus être trompés sur l'étendue des étoffes qu'ils acheteront en gros ou en détail, de la valleur d'un point.

Que si on veut accélerer les aunages, on pourra se servir de mesures plus longues que le
demi travers de main, c'est-à-dire, d'un double
demi travers de main, d'un triple, d'un quadruple,
d'un quintuple, d'un sextuple, d'un septuple, d'un
octuple & d'un neustuple demi travers de main, &
au dessus; au moyen de quoi, tout ce mesurage s'opé-
rera avec la même facilité, & contiendra préci-
sément les mêmes avantages, que par les aunes
ordinaires, sans aucun inconvenient. On pourra
faire de même des mesures de dix, vingt, tren-

te, quarante, cinquante, cent; deux, trois, quatre, cinq cens demi travers de main de longueur, pour tenir lieu des toises, des pas & des perches cy-devant rappellées, & dont la multiplication donne les arpens & les mesures itinéraires.

Il existe un usage sous la halle des toiles à Paris, qu'on les vend suivant ce qu'on appelle le *pouce-avant*, c'est-à-dire, que sur chaque aune de toile, on donne un pouce de plus, & en outre une aune sur cinquante; ce qui fait environ cinquante deux aunes un demi tiers; & il y a un pareil usage à Rouen, qu'on donne 24 aunes au lieu de 20, pour bon aunage; nous ne pouvons ici dissimuler, qu'il paroit qu'il seroit utile que de pareils aunages & opérations pour toutes sortes de marchandises soient absolument défendües; en effet: il n'est que trop ordinaire, que les marchands réglent le prix de ces marchandises à proportion de la surmesure; ou bien, que ce *pouce-avant*, n'est pas bien mesuré; ou plus souvent, que les étoffes & marchandises ne sont pas d'une fabrique aussi parfaite, que dans les endroits où il n'y a pas de pareils bénéfices d'aunages, en tout cas, ou on donne un demi pour cent; un, deux, trois, quatre, cinq pour cent; plus ou moins, suivant les conventions arrêtées entre l'acheteur & le vendeur. Or, tous ces usages subiroient une même supression, avec les autres aunages, puisqu'il n'en résulte tous les jours que des inconvéniens encore plus que des avantages.

Il est néanmoins sous-entendu dans cet article, que la faculté seroit toujours réservée, comme de droit, aux acheteurs, de stipuler dans leurs marchés, surtout s'ils achetent en gros, les pour % qu'ils jugeront à propos, tant pour tenir lieu de bonnes mesures, que pour les défectuosités qui pourroient se trouver dans la marchandise.

ARTICLE

ARTICLE V.

„Il seroit fait de pareilles inhibitions & défenses
„ à toutes personnes de quelque qualité & con-
„ dition qu'elles soient, dans chaque souveraineté
„ & république, sous la même peine d'amande,
„ de plus se servir, dans l'usage ordinaire, de l'an-
„ cienne dénomination de la mesure des tems;
„ c'est-à-dire, de la division du jour & de la nuit
„ en 24 heures ou en 12 heures, de l'heure en
„ 60 minutes, de la minute en 60 secondes, de
„ la seconde en 60 tierces, de la tierce en 60
„ quatierces ou autrement; mais il leur seroit en-
„ joint de ne plus nommer ces mêmes mesures
„ que de la manière ci-après, savoir:

„Le tems du jour & de la nuit, c'est-à-dire,
„ le tems que le soleil employe pour faire sa ré-
„ volution journalière autour de la terre, ou plu-
„ tôt, que la terre employe pour tourner autour
„ de son axe, se diviseroit en 10 heures ou en
„ 1000 minutes, l'heure vallant chacune 100 mi-
„ nutes; la minute se diviseroit en 1000 secon-
„ des, la seconde en mille tierces, & la tierce
„ en 1000 quatierces, & ainsi du reste.

„Les dix heures ci-dessus, seroient toujours éga-
„ les, ainsi que les minutes, les secondes & les
„ tierces & quatierces; & ces premières ne com-
„ menceroient plus comme actuellement, à mi-
„ nuit, au commencement ou à la fin du jour,
„ mais elles commenceroient à midi précis, & on
„ ne compteroit plus non plus par années lunai-
„ res, mais seulement par années solaires.

"En conséquence, il seroit enjoint à tous les hor-
„ logers & constructeurs de cadrans, sous la même
„ peine d'amande, de se régler la dessus, & de
„ ne plus construire à l'avenir de montres, d'hor-
„ loges, de pendules & de cadrans, surtout les
„ publiques, que suivant les principes & les règ-
„ les établies par les présentes.

Voici un des fondemens principaux de ce plan,

E

& fur lequel répofe prefqu'en entier tout fon vafte
édifice.   Nous avons cru devoir placer l'objet de
la mefure des tems plutôt dans cet endroit que
dans un autre, à caufe de l'analogie qu'il a avec
les mefures itinéraires, quarrées, cubes & folides
qui fuivent, & pour mieux faire faillir les grandes
vérités & les régles d'ordre public que nous éta-
blirons.   Il eft à propos d'examiner les difpofitions
de cet article.

Nous avouerons ingenument que dans la confection de cet ouvrage, nous avions dabord trouvé
des étalons des poids & mefures analogues &
proportionnés à ceux actuels. Il fubfiftoit toujours une grande difficulté, qui étoit *de les proportionner aux mefures des tems;* cette difficulté
nous avoit paru au premier afpect infurmontable,
rélativement aux préjugés qui font actuellement établis.   En effet, comment ofer propofer de changer
la divifion actuelle du jour de 24 heures en une
divifion différente, puifque l'ufage qui eft établi,
eft l'ouvrage de tant de fiècles ? & que, d'après l'a-
doption dans bien des pays du calendrier Grégo-
rien, les mefures des tems ne font plus fujettes
aux inconvéniens qui avoient lieu auparavant, &
qui opéroient que les faifons étoient à la longue
interverties, & qu'on avoit l'hiver en été. Tout
en accordant nos éloges à la réforme qui a été
introduite, & que nous ne manquons pas d'adopter,
quant à la quantité de jours, d'heures, de fecondes & de tierces actuelles qu'on a fixé pour une
année jufte, ou une révolution annuelle de foleil,
nous propofons feulement une divifion différente
de ces mêmes jours, heures, fecondes & tierces,
pour former une année, ce qui, comme on voit,
ne change rien au fond; ces nouvelles heures,
minutes, fecondes & tierces, que nous divifons,
comme on voit, par les quantités décimales, répondent exactement à la révolution journalière du
foleil autour de la terre, ou plutôt de la terre autour de fon axe en quantités paires & uniques;

d'où on pourra partir pour mesurer avec la plus grande facilité la révolution & la vitesse de toutes les planetes, les astres & les phénomènes du ciel & de la terre. La résolution des questions ci-après, fera mieux connoitre notre sentiment que toutes les explications ultérieures que nous pourrions donner.

En même tems *que les jours seroient divisés en dix heures, ou en mille minutes*, l'heure vallant chacune cent minutes, que les *minutes seroient divisées en mille secondes, & les secondes en mille tierces*, toutes les heures inégales seroient abrogées, & les égales seroient substituées à la place ; on en conçoit assez l'avantage. On ne commencerait plus le jour à minuit, ou au commencement que le soleil paroit sur l'horison, ou bien à la fin du jour, mais on le commenceroit à midi précis, ainsi que cela se pratique par les astronomes. On ne compteroit plus par année lunaire, mais seulement par année solaire ; en effet : il est plus naturel de donner la préférence à la révolution journalière *du bel astre du jour*, qui lui seul éclipse tous les autres par sa brillante lumière, qu'à celui de la nuit, qui, a ce qu'on prétend, n'a qu'une lumière empruntée de ce premier, & dont le calcul de sa révolution est moins facile, & ordinairement moins parfait que celui du soleil.

En conséquence nous statuons qu'injonction seroit faite à tous les horlogers & constructeurs de cadrans, sous peine d'amande, de plus faire de montres, d'horloges, de pendules, & de cadrans solaires & lunaires, sinon suivant les principes que nous venons d'établir ; cette disposition est une suite nécessaire de la précédente.

On nous objectera 1°, contre ce dernier objet, que la construction des nouvelles montres, horloges, pendules & cadrans seroit assez difficile ; à quoi nous répondons, que cette construction ne seroit pas en la moindre manière plus difficile à exécuter que les autres ; en effet : il ne s'agira que

de difpofer les rouages, de manière, que les aiguilles des heures aillent plus doucement, ainfi
que celles des minutes ; quant aux aiguilles des
fecondes, elles iroient plus vîte ; il eft connu
qu'on en fait ordinairement moins d'ufage que de
celles des heures & des minutes.   Ces dernières
étoient ci-devant pour le tems du jour & de la
nuit, au nombre de 1440; elles feroient réduites
à l'avenir à mille.   La différence eft affez petite.
Au lieu que l'heure étoit ci-devant divifée fur
chaque montre, horloge, pendule, cadran, en
60 minutes, il ne s'agira que de la divifer en
cent, ce qui reviendra à peu-près au même. Enfin, aucune difficulté ne réfultera de la nouvelle divifion des mefures des tems, que nous propofons,
qui foit plus grande que l'ancienne.

On nous objectera 2°, qu'il s'enfuivroit de notre
fiftème ; qu'il faudroit changer toutes les montres,
horloges, pendules & cadrans de tous les Royaumes, Empires, Républiques & Etats de l'Europe
& de l'Univers, ainfi que les calendriers & alma-
nachs, ce qui entraineroit les particuliers dans
d'affez grandes dépenfes.

Nous répondons qu'il eft vrai que ce changement s'enfuivroit de notre fiftème, mais au
fond, qu'eft ce que feroit en foi-même
un changement pareil, & qu'eft ce qu'il coûteroit aux particuliers ?   rien davantage que } ce
que pourroit leur coûter *la dépenfe d'une nouvelle mode*, qui viendroit d'être introduite, ou
moins encore.   Il y aura même cette différence
entre l'un & l'autre établiffement, que les nouvelles modes ne font pour la plûpart que des
objets frivols, qu'un jour voit naître, & que le
lendemain voit difparoitre ; au contraire, l'établiffement que nous propofons eft un de ceux qui
font fondés fur l'ordre de la nature, c'eft-à-dire,
un de ceux qui font toujours utiles, folides &
néceffaires.   Au furplus, il fera libre aux perfonnes qui ont des anciennes montres, de continuer

à s'en servir, d'après le calcul qu'elles auront sur leur almanach, ou sur leurs éphémérides, de l'évaluation des anciennes heures, minutes, secondes & tierces, contre les nouvelles, ce qui seroit assez facile à supputer. Du reste, on auroit soin surtout, de changer autant qu'il seroit possible, les horloges, & les cadrans publics, c'est-à-dire, ceux des églises, des maisons royales, des hôtels de ville, des couvents, des hôpitaux & d'autres pareils établissements, lorsque la première occasion de le faire s'en présenteroit. Quant aux calendriers & almanacs, comme ils se renouvellent tous les ans, ils n'éprouveroient guéres plus de changement à cet égard.

Comme la disposition de cet article est de la plus grande étendue & importance, nous ne croyons pas pouvoir nous dispenser, pour faire voir toute la facilité des nouvelles supputations & leur simplicité, d'introduire quelques questions, dont la résolution, toute simple qu'elle · est, établira mieux notre sistéme à cet égard, que tout ce que nous pourrions dire d'ailleurs. Le lecteur est prié de se rappeller ici ce que nous avons dit dans la première partie.

Demande. Combien y a-t-il de nouveaux points microscopiques dans la circonférence du monde entier?
Réponse. Un trillon.
D. Combien y a-t-il de points ordinaires?
R. Cent billions.
D. Combien y a-t-il de demi travers de main?
R. Un billion.
D. En supposant que le cercle de la terre soit divisé en quantités décimales, ou bien en mille degrés, quelle sera la valeur de chaque degré en points microscopiques?
R. Un billion.
D. Quelle sera la valeur de chaque degré en points ordinaires ?
R. Cent millions.
D. Quelle sera la valeur de chaque degré en demi travers de main?
R. Un million.

E 3

D. Quel eſt l'eſpace de chemin que (ſuivant le nou-
vêau ſiſtême) le ſoleil parait parcourir (ou bien la terre
tournant ſur ſon axe) dans une nouvelle quatierce de
tems, ou pour mieux dire, dans un point microſcopique de tems ?

R. Un point microſcopique de longueur.

D. Et dans une tierce de tems, ou pour mieux dire,
dans un demi travers de main de tems ?

R. Un demi travers de main, ou un Col.... de longueur.

D. Quel eſt l'eſpace de chemin qu'il paroit parcourir
dans une nouvelle ſeconde ?

R. Un million de points microſcopiques ; ou en points
ordinaires, cent mille ; ou en demi travers de main
mille.

D. Quel eſt l'eſpace de chemin qu'il paroit parcourir dans une minute ?

R. Un billion de points microſcopiques ; ou en points
ordinaires, cent millions ; ou en demi travers de main,
un million.

D. Quel eſt l'eſpace de chemin qu'il paroit parcourir
dans une heure ?

R. Cent billions de points microſcopiques ; ou en
points ordinaires, dix billions, ou en demi travers de
main, cent millions.

D. Quel eſt l'eſpace de chemin que le ſoleil paroit
parcourir dans un jour ?

R. Un trillon de points microſcopiques ; ou en points
ordinaires, cent billions ; ou en demi travers de main,
ou C....., un billion.

On pourroit calculer ſur le même pied le chemin que font les différentes planetes tournantes
ſur leur axe, & dans leur révolution autour du
ſoleil dans une nouvelle ſeconde, ou dans une
nouvelle tierce de tems, ainſi que les autres aſtres
du ciel dans leurs révolutions périodiques. Ce
ſont des opérations & des calculs que nous laiſ-
ſons à faire aux aſtronomes, pour être plus de
leur reſſort que du notre. Nous paſſons plus loin.

ARTICLE. VI.

"Tout cercle grand & petit ſeroit diviſé à l'a-
» venir par les quantités décimales ; en conſequence,
» chaque ſouverain & république exhorteroit tous
» les gens de lettres de ſes États, notamment les

» académies & sociétés littéraires, de ne plus di-
» viser le cercle de la terre, non plus que ceux,
» des longitudes & des latitudes, en 360 dégrés,
» mais plutôt en mille dégrés ou grandes divi-
» sions ; à l'effet de quoi cette nouvelle division
» devroit être à l'avenir observée dans toutes les
» nouvelles sphéres & cartes géographiques ter-
» restres & marines de nouvelle construction.

Après les principes & les régles que nous avons
ci-devant établi, on appercevra facilement qu'une
conséquence nécessaire en résulte, savoir, que
les principaux cercles de la terre, c'est-à-dire,
ceux des longitudes & des latitudes devront être
divisés, non plus en 360 degrés, & chaque dégré en 60 minutes, chaque minute en 60 secondes, & chaque seconde en 60 tierces, mais par
les quantités décimales, c'est-à-dire par mille dégrés ou grandes divisions ; il en est demême de
tous les autres cercles de la terre & des cieux,
petits & grands, qui pourroient sûrement être divisés beaucoup mieux par les quantités décimales,
que suivant la méthode actuelle, par les quantités sexagésimales.

Malgré les avantages que paroit présenter, au
premier coup d'œil, la division du cercle par les
quantités sexagésimales, il y a longtems que tous
les gens véritablement éclairés désirent-qu'elle soit
proscrite, parceque ces avantages sont infiniment
moindres que ceux de la division décimale. Par
exemple, qu'on veuille mesurer un dégré décimal
de la terre, supposé d'un million de demi travers
de main ou d'un billion de points microscopiques,
on y parviendra sans doute plus facilement que
pour un degré sexagésimal d'aujourd'hui, puisque
l'espace de ce dernier, qui est de près de trois
billions de points microscopiques, est sans contredit beaucoup plus sujet à des difficultés dans le
mesurage que l'espace du premier, qui n'est que
d'environ le tiers. On pourra aussi connoitre
par cette méthode, avec beaucoup plus de pré-

cision, la position exacte de chaque pays, province, ville & endroit du monde, ainsi que toute son étendue & sa surface.

Pour montrer que notre assertion touchant le changement des divisions sexagésimales du cercle en divisions décimales n'est pas hazardée, nous citerons à l'appui de notre sistême l'autorité de plusieurs savants respectables & assez distingués dans la république des lettres, qui ont été de notre sentiment. Nous nommons entr'autres, M. M. Stevin, Ougsthred, Wallis, d'Alembert.

La manière dont on désigneroit donc à l'avenir sur les sphéres & les cartes géographiques, les longitudes & les latitudes des lieux, ce ne seroit plus en disant, ce lieu est situé *sous tel degré, tant de minutes, tant de secondes, tant de tierces de longitude ou de latitude*, mais on diroit, en supprimant même *tout-à-fait la dénomination du degré*, tel lieu ou tel endroit est situé *à tel demi travers de main de longitude ou de latitude du grand cercle de la terre*; ce grand cercle seroit supposé être d'un billion de demi travers de main, ou d'un trillion de points microscopiques; & le premier point commenceroit à un certain endroit convenu du monde, comme par exemple pour les longitudes, à quelques lieues au dessus de *quito* dans le Perou, sous l'équateur; & continuant ainsi jusqu'au dernier, qui se termineroit, après avoir décrit un cercle exact, au même lieu; & pour les latitudes, aussi sous l'équateur, ensorte que le premier point de longitude seroit aussi le premier point de latitude, dont le cercle croiseroit le premier perpendiculairement à angles droits; ainsi, s'agissant de désigner à l'avenir la longitude & la latitude d'un lieu, on diroit par exemple, un tel endroit est situé au 138 millionieme 586 millieme & 631eme demi travers de main de longitude; & au 655 millionième, 723 millieme & 544eme demi travers de main de latitude ; ou plus fommairement en chiffres.

demi travers de main.

{ long. 138,586,63:.
{ lat. 655,723,544.

Quand bien même deux obfervateurs qui prendroient la longitude ou la latitude d'un lieu, ne différeroient dans leurs fupputations que de quelques centaines, ou milliers de demi travers de main, l'erreur feroit toujours *infiniment moins grande* que toutes celles qu'on commet tous les jours, en difant qu'un tel lieu eft fitué à tel nombre de degrés, tant de minutes, tant de fecondes & tant de tierces de longitude ou de latitude.

Nous défirerions, qu'on préférat furtout de fe fervir pour pareilles défignations, plûtot des demi travers de main, parcequ'il y auroit à l'avenir plus d'exactitude ; & l'on fait trop, qu'en prenant la longitude ou la latitude d'un lieu, on fe trompe encore fouvent aujourd'hui, avec les inftrumens de mathématiques les plus exacts, de 20 à 30 lieues & plus, de la véritable fituation d'un endroit.

Si nous avons choifi un emplacement à quelques lieues audeffus de *quito*, c'eft-à-dire précifement au milieu de la ligne de l'équateur, ou il pourroit être érigé un monument analogue pour cet objet, la raifon eft, que nous avons préféré de prendre un endroit acceffible, & appartenant à une nation policée Européenne, que de prendre un endroit fitué fous l'équateur, foit en Afie, en Afrique ou en Amerique, appartenant à quelque nation barbare ou fauvage; il feroit fans doute bien a défirer que toutes les nations policées conviennent de cet endroit plutôt que d'un autre ; du moins, lorfqu'on voudra vérifier les longitudes & les latitudes des lieux, on pourra en faire le chemin par terre ou par eau, & on ne fera pas obligé de combattre à chaque pas quelque nation fauvage & ignorante, & de cette efpèce d'hommes, qui différent encore peu *des animaux quadrupe-*

des. Il y a lieu de préfumer que, confidéré les avantages qui réfulteroient aux fciences & aux arts, l'illuftre nation efpagnole, ou plûtôt, *l'au-gufte fouverain qui la régit*, de qui feul tout pa-roît dépendre, n'en défendra pas l'accès aux au-tres nations, mais que, confidéré le bien de l'hu-manité & le progrès des connoiffances humaines, il le leur laiffera parfaitement libre.

Il paroit qu'en choififfant cet Emplacement, il en réfulteroit bien des avantages fur l'emplace-ment de tout autre endroit ; en traçant le premier cercle de latitude, & celui des longitudes, qui croiferoit ce premier perpendiculairement ou à angles droits, on pourra auffi beaucoup mieux fixer qu'on ne l'a pu faire jufqu'à préfent l'étendue des terres auftrales, & de la mer du nord & du midi, qui nous font inconnus, & auxquels les navigateurs n'ont pas encore pu parvenir, atten-du, dit-on, que les degrés de latitude deviennent moins longs à caufe de la conformation ronde de la fphère, vers les deux poles; (1) en fixant au jufte cette longueur moindre de chaque degré de latitude dans un endroit connu, habitable & acceffible, il paroit qu'on pourra alors fixer avec plus de précifion la furface jufte du terrein ou de l'eau qui correfpond aux poles; & parconféquent les cartes, afin d'y pouvoir naviguer & parvenir, pourront être dreffées avec plus d'exactitude qu'à préfent, ainfi que les endroits & les différentes ftations des Voyageurs ou des navigateurs.

Nous n'avons pas cependant jugé à propos de comprendre ce que nous venons de dire dans la difpofition de l'article ci-deffus ; la raifon eft, qu'elle pourroit donner lieu à trop d'oppofitions

---

(1) *Note du Cenfeur.* Plus longs vers les poles à caufe de l'applatiffement.

Réponfe de l'Auteur. Il paroit que tous les dégrés doivent être égaux, *même vers les poles*, fans quoi ils ne feroient plus la 360ème partie du cercle.

& de discussions, qui seroient capables de retarder l'exécution de toutes les autres dispositions de cet ouvrage, encore que cela n'y ait qu'un rapport médiat & assez éloigné ; nous dirons donc que, lorsque nous avons jugé à propos d'en faire mention, ce n'est que *par forme d'insinuation* ; nous laissons à quelque savant, ou personne de l'art, à développer cette méthode plus en détail, s'il la croit, *ainsi que nous, plus simple & meilleure.*

Nous avons dit que tous les gens de lettres & les académies seroient *exhortés*, & *non pas commandés par les souverains* ; la raison est, que, comme les droits de la législation ne s'étendent pas aux principes des sciences, *qui en sont indépendants*, il ne seroit pas dans l'ordre, que les souverains & les républiques leur prescrivissent quelque chose à cet égard, mais qu'ils *les exhortassent seulement ;* & on ne doute pas que les intentions des souverains & des Républiques paroissant dans cette occasion *justes, légitimes & conformes au meilleur ordre possible*, la division décimale ne dût prévaloir bientôt entre les savants contre la sexagésimale.

Il est bien vrai qu'on seroit obligé de changer à l'avenir toutes les sphères qu'il y a du globe, & les cartes géographiques, mais il n'y auroit pas plus d'inconvénient dans un changement pareil que dans celui d'une nouvelle mode, & ce changement n'entraineroit pas plus de dépenses; on conçoit d'ailleurs qu'il seroit libre à chacun de faire l'acquisition de nouvelles sphères ou cartes, s'il le jugeoit à propos.

Au reste, comme le seul objet de la substitution de la division du cercle par les quantités décimales, au lieu des sexagésimales, est d'une étendue considérable, ainsi que celui de la fixation du premier point, ou du premier demi travers de main du cercle de longitude, & de celui de latitude d *quelques lieues audessus de quito*, & qu'il influeroit nécessairement sur la théorie & sur la

pratique de la plûpart des sciences & des arts,
nous laissons à quelque géomètre, astronome, phy-
sicien, mathématicien ou autre personne de l'art,
plus versée & plus habile que nous dans cette
partie, à approfondir ce sistême ; à lui donner le
développement dont il est susceptible, & à demon-
trer la supériorité de ses avantages contre ceux
de la méthode qui est actuellement établie. Ce
qu'il y a de certain, c'est que cette méthode sera sûrement trouvée par tous les esprits éclairés
& impartiaux, moins compliquée, & en même
temps beaucoup plus naturelle & plus aisée.

C'est ainsi, qu'en formant de la même manière
& sur les mêmes principes, *un nouveau traité d'a-
stronomie*, plus clair, plus méthodique & mieux
fait que tous ceux qui ont paru jusqu'aujourd'hui,
qui seroit facile à entendre & à la portée de tout
le monde, qui seroit purgé de toutes discussions
inutiles & oiseuses, & en même tems conforme à
l'hypothèse de Copernic & aux autres meilleurs
sistêmes reçus, ou on supposeroit que toute la
circonférence du cercle des cieux équivaudroit à
un centillon de demi travers de main, on pourroit aussi, avec beaucoup plus de facilité & de
précision, y ranger le soleil, la lune, les planetes & la position des astres merveilleux qui paroiffent suspendus sur nos têtes ; on pourroit y défigner leur diamètre, leur énorme grosseur, leur
atmosphère, & leur distance du centre de la terre ;
calculer leurs périodes & leurs révolutions, &
faire voir leur influence & leur liaison entr'eux;
en déployant en même tems, *aux yeux éblouis
des mortels*, l'ordre admirable, la simmétrie, la
magnificence & toute la grandeur de *l'ouvrage
des Cieux*, qui n'est *rien moins que l'effet du
hazard*, cela les porteroit sans doute beaucoup à
réprimer leurs sentimens d'orgueil, & à faire plus
d'attention à leur faiblesse & à tout leur néant ;
cela seroit bien propre à ranimer leur confiance,
lorsqu'ils auroient marché dans les voyes de la ju-

stice, & à *faire trembler l'iniquité & l'injustice*; & cela engageroit sans doute de plus en plus chacun d'eux, à *adorer l'Etre suprême*, & à élever plus souvent son cœur *vers celui*, qu'il se confirmeroit pour être *le Maître, ainsi que le principe & la source de tout*. Nous venons à d'autres objets.

ARTICLE. VII.

„ Chaque souverain & république feroit défen-
„ ses d'user dans toute l'étendue de ses provin-
„ ces & états, de toutes les mesures itinéraires
„ quelconques qui y sont en usage, sous quelque
„ titre & dénomination que ce soit; mais au lieu
„ de désigner à la suite ces mesures par les noms
„ de lieues, de milles, de parasangues, de gos,
„ de stades, de schœnes, de cosses, de lis, de
„ verstes ou autrement, il seroit enjoint à toutes
„ personnes de quelque qualité & condition qu'el-
„ les soient, sous la même peine d'amande, de
„ ne plus les désigner que *par la quantité qu'il*
„ *y a de demi travers de main*; savoir, par un,
„ deux, trois, quatre, cinq, six, sept, huit,
„ neuf, dix demi travers de main; cent demi tra-
„ vers de main; mille, dix mille, cent mille de-
„ mi travers de main de distance; un million,
„ dix millions, cent millions de demi travers de
„ main; *un billion de demi travers de main, se-*
„ *roit un chemin égal à la circonférence totale*
„ *de la terre*. On poursuivroit cette supputation,
„ surtout pour la mesure des distances célèstes,
„ par trillons de demi travers de main, quatril-
„ lons, quintillons, sextillons, septillons, octil-
„ lons, neuftillons, dixtillons, onzetillons, dou-
„ zetillons, treizetillons, quatorzetillons, quinze-
„ tillons, seizetillons de demi travers de main &
„ audessus, & généralement à proportion de l'é-
„ loignement des lieux terrestres ou célèstes; &
„ on feroit en particulier l'évaluation des milles

„ actuels, des lieues, des parafangues, des gos,
„ des ftades, des fchœnes, des coffes, des pu,
„ des lis, des verftes & des autres mefures iti-
„ néraires en demi travers de main.

Un défordre confidérable qni exifte touchant
l'uniformité des mefures, c'eft principalement à
l'égard de celles qu'on appelle *itinéraires*. Ces
mefures, qualifiées comme il vient d'être dit,
font différentes fuivant les Royaumes, les Empires, & les Républiques & États, quoiqu'elles
portent fouvent le même nom. De cette efpèce
font pour la France & l'Allemagne, les lieues &
les milles que nous avons déja cité, & pour les
autres pays, les autres mefures itinéraires qui y
font en ufage fous des noms divers.

Ainfi, dans la défignation qu'on fait ordinairement en France de la diftance d'une ville à
l'autre, on ne la connoît prefque jamais réellement, puifque les lieues ou les milles font plus
ou moins fortes. Les unes font dans de certaines
provinces ou villes très-petites, & dans d'autres
très-grandes; il y a les lieues de Gafcogne & de
Provence, qui font environ le double de celles de
Beauce ou de Gâtinois; il y a les milles Bavarois
en Allemagne, qui n'étant que d'environ 18 au
dégré font d'un fixième moindres des milles ordinaires, qui font de 15 au dégré; il y a les milles du Palatinat, qui étant d'environ 24 au dégré, font moindres de plus d'un tiers; il en eft
à peu-près de même des mefures des diftances
itinéraires des autres Royaumes, Empires, Républiques & Etats de l'Europe & du monde.

Qu'on fuppute la diftance des lieues par le
nombre des poftes qu'il y a à parcourir, il n'y
a pas moins d'erreurs; quoiqu'une pofte doive
avoir en France une lieue & demie, il y en a
qui ont plus de deux lieues, & il y en a d'autres qui ont moins d'une lieue; nous nous ab-
ftenons de parler des autres pays.

En général, il n'y a donc aucune régle fixe

dans presqu'aucun pays, pour la juste évaluation
des mesures itinéraires ; telle personne qui voya-
gera dans une province ou pays étranger, & qui
croira, sur le rapport qu'on lui fera dans la contrée, qu'il n'a pas plus de dix lieues ou milles à
faire pour parvenir à tel endroit, réglera sa bourse
en conséquence ; il se trouvera qu'il y en aura
peut--être encore plus de vingt.

Si après ces réflexions sur les mesures itinéraires ordinaires qui sont en usage, on vient à entrer dans l'examen des grandes mesures, telles
que celles des dégrés actuels ; de la circonférence
du globe de la terre ; de la distance & de la
grosseur du soleil, de la lune, des planetes, des
comètes, des étoiles fixes, & enfin de tout ce qui
est l'objet de l'astronomie, de la navigation, de
la géographie, des mathématiques en général, &
de presque toutes les sciences, on trouvera que
les désignations actuelles des lieues, des milles,
des verstes & des mesures itinéraires usitées, ainsi
que de toutes les mesures longues, ne sont guères que des principes d'inéxactitudes, de faux calculs & d'erreurs. Il résulte de cela, qu'on ne
connoit presqu'aucune chose dans la nature avec
l'exactitude & la précision dont elle seroit connue
si on avoit inventé, & si on s'étoit servi de mesures différentes & meilleures que celles dont on
a fait usage jusqu'à présent.

C'est pour obvier aux différens inconvéniens,
& pour rectifier autant qu'il est possible un grand
nombre de mesures itinéraires fort inéxactes, &
plusieurs autres mesures longues encore, que nous
avons établi que toutes ces mesures ne se compteroient, & ne se nombreroient plus par lieues,
par milles, parasangues, gos, stades, schœnes,
cosses, lis, pu, verstes ou par d'autres noms
semblables, mais par la quantité juste qu'il y a
de demi travers de main de distance d'un endroit à l'autre ; ce qui seroit sans contredit beaucoup plus exact. Nous donnons pour exemple,

les lieues de France & les milles d'Allemagne.
Nous ne parlons pas des mesures itinéraires des
autres pays, qui nous meneroient trop loin. Ainfi, la lieue de Beauce ou de Gâtinois contenant
1700 toifes de Paris, cela feroit 81 mille 712 demi travers de main, & 74 points de Paris; la
lieue de Paris contenant 2000 toifes, équivaudroit à 96 mille 135 demi travers de main & 45
points de Paris; la lieue ordinaire de 25 au dégré contenant 2282 toifes, feroit égale à 109
mille 761 demi travers de main, & 183 points
de Paris; il en eft demême des lieues du Lion-
nois contenant 2450 toifes; des lieues du Bourbonnois, contenants 2600 toifes; des lieues marines contenant 2853 toifes, faifant 138 mille 668
demi travers de main & 20 points de Paris; des
lieues de Provence & de Languedoc, contenant
3000 toifes; des milles ordinaires d'Allemagne de
15 au dégré, contenant 3804 toifes, faifants 185
millé 163 demi travers de main, & 153 points
de Paris; des milles de la Suiffe de 13 au dégré,
des milles de Bavière de 18 au dégré: des milles
des pays bas de 20 au dégré, des milles du Palatinat de 24 au dégré, & de toutes les autres
mefures itinéraires quelconques, qui feroient réduites à la mefure de Paris. Le dégré de 57,060
toifes feroit 2 millions 777 mille 455 demi travers de main & 165 points; & le dégré de 57,066
toifes 3 pieds 8 pouces 3 lignes 6 points & deux
tiers de point, équivaudroit à 2 millions, 777
mille 777 demi travers de main & 142 points de
Paris ou bien $\frac{160}{240}$èmes de demi travers de main.

On voit partout ce que nous venons de dire,
que rien ne feroit fi facile que de réduire toutes
les diverfes mefures itinéraires qui font en ufage
dans tous les pays, au nombre des demi travers
de main qu'elles contiennent, & même fi l'on
veut, au nombre des points ordinaires ou microfcopiques. Le voyageur fachant affez quel eft

l'efpace

l'espace de chemin, ou la quantité des demi travers de main qu'il est en état de parcourir, à pied ou sur son cheval, dans sa voiture ou avec son équipage, dans un certain espace de tems, tel que pendant une heure ou une demie heure, cela reviendroit sans contredit au même que si on disoit une lieue, un mille, un parasangue, un cosse, un lis, un pu, un verste ou autrement.

La manière dont se désigneroient donc à l'avenir les mesures itinéraires ou des distances, la voici.

Le voyageur passant par un pays, & demandant à un habitant, combien il y a de chemin du lieu où il est, à l'endroit où il va, ou à tel autre endroit qu'il désigneroit? l'habitant, au lieu de lui répondre, il y a une lieue, ou bien, deux, trois, quatre, cinq, six, dix lieues ou plus; au lieu de lui répondre, il y a un ou plusieurs milles, parasangues, gos, stades, schœnes, cos, lis, pu, verstes ou autrement, lui répondroit à l'avenir; il y a cent mille demi travers de main de distance; il y a un million de demi travers de main; il y a deux, trois, quatre, cinq, six, sept, huit, neuf, dix, vingt, trente, quarante, cinquante, cent millions de demi travers de main de chemin, ou de distance, & plus; un billion de demi travers de main équivaudroit à la circonférence entiere de la terre.

Que le disciple demande à son précepteur, quelle est la distance de la terre au soleil, ou à une planete ou étoile qu'il désignéroit? Ce premier ne lui répondroit plus, il y a tant de lieues, de milles, de parasangues, de stades, de lis, de cosses, de pu, de verstes ou autrement, mais il diroit; il y a un, dix, vingt, trente, quarante, cinquante, cent billions de demi travers de main; deux, trois, quatre, cinq, six, sept, huit, neuf cent billions de demi travers de main; il y a tel nombre de trillions de demi travers de main; de quatrillons, de quintillons, de sextillons, de feptillons, d'octillons, de neuftillons, de dixtillons, d'onzetillons, de douzetillons, de treizetillons, de quatorzetillons, de quinzetillons, de feizetillons, de dixfeptillons, de dixhuitillons de demi travers de main, & ainfi jufqu'à l'infini. On s'appercevra facilement que ces nouvelles dé‑nominations des mefures itinéraires font infini‑ment plus aifées & plus naturelles.

Il eft certain qu'il feroit utile, & même bien néceffaire qu'on procéde à l'évaluation en demi travers de mains, de toutes les mefures itiné‑raires quelconques, puifqu'il eft conftaté par l'ex‑périence que, vû la grande variété de celles actu‑elles, il n'y en a prefqu'aucune qui foit jufte, aucune part, c'eft-à-dire, qu'il y a toujours à cha‑que lieue, mille, coffe, parafangue, lis, pu, ver‑fte, ou aux autres mefures itinéraires, *du plus ou du moins*; d'une part, on fauroit avec pré‑cifion la proportion exacte des objets mefurés avec un feul étalon connu & invariable, tel que le demi travers de main; & d'autre part, on pourroit faire toutes les opérations de calculs, fi compliqués pour ces mefurages, dans un inftant, & *prefque par un trait de plume*.

Nous obferverons, que dans la fupputation des mefures dont nous venons de parler, on feroit néanmoins une diftinction, comme cela eft bien naturel, de la diftance géométrique qu'il y a d'un endroit à l'autre, c'eft-à-dire, de celle qu'il y a dans la ligne la plus droite & la plus courte, à celle qu'il y a dans la ligne oblique, ou des rou‑tes qu'il faut réellement parcourir. Ainfi, fi l'on veut compter la diftance qu'il y a de *Paris*, à *Perpignan*, en ligne droite ou géométrique, on trouvera peut-être au plus fix dégrés de France, ou 150 à 160 lieues actuelles; mais fi on en compte la diftance par le chemin réel qu'il faut faire pour y parvenir, c'eft-à-dire, par les tours & détours des chauffées, il y en aura peut-être près de 200.

On nous dira, qu'il s'enfuivroit de cette méthode, qu'il faudroit rectifier toutes les mefures
itinéraires tant du Royaume de France que de
l'Empire d'Allemagne, de l'Efpagne, du Portugal,
de l'Angleterre, des Etats de Sardaigne, des
deux Siciles & du refte de l'Italie, de la Suéde,
du Dannemarc, de la Pologne, de la Ruffie, de
la Turquie & de tous les pays que ce puiffe
être, opération qui feroit très-compliquée & difficile ?

Nous répondons, qu'en effet il en réfulteroit la
conféquence dont il vient d'être fait mention ;
cette opération, qui ne feroit rien moins que difficile, fi on vouloit s'y bien prendre, & y employer les fommes néceffaires, feroit fans doute
bien utile ; & quelque chofe qu'il en coûte, nous
le difons, il faudra toujours *y revenir tôt ou tard*,
tant en France que dans tous les pays du monde,
d'autant qu'il n'y a prefqu'aucune lieue, mille
verfte, ou autre mefure itinéraire qu'on puiffe
affurer pour être exacte. Du refte, fi l'on veut
éviter les dépenfes, il y a un autre moyen ; ce
feroit de faire faire l'évaluation de toutes les mefures itinéraires de chaque province ou pays où
il y en a de différentes, ainfi que nous l'avons
faite ci-après. On conçoit que toute l'opération
fe réduiroit alors, après en avoir pris une infor-
mation exacte, à l'évaluation en demi travers de
main de ces mefures itinéraires, & à quelques
calculs d'arithmétique affez faciles.

Tout le monde étant obligé, en vertu des difpofitions de l'article ci-deffus, de ne plus compter la diftance des endroits que par la quantité
de demi travers de main, il fe formeroit infenfiblement une uniformité parfaite pour les mefures
itinéraires dans toute la France, & l'Allemagne,
ainfi que dans tous les autres pays du monde,
où il plairoit aux fouverains ou républiques d'e-
xécuter cet ouvrage.

Nous ne devons pas omettre d'obferver ici

F 2

qu'en France, *le Roi Louis XIII.* avoit déjà
tenté de rémédier à ces défordres. Il avoit fixé
par une ordonnance royale les lieues dans toute
l'étendue du Royaume à 2200 *toifes* de Paris,
mais s'il n'a pas réuffi, la caufe n'en eft peut-être
pas différente de celle de l'inexécution de *tant
de milliers d'autres ordonnances*, quoiqu'elles
ayent eu pour objet des établiffements, même
utiles & avantageux. Cette caufe était fans doute
le défaut d'une régle à cet égard, qui fut folide,
fixe & invariable comme la notre; puifqu'on à été
obligé de fixer *la lieue*, à *2282 toifes*, pour former 25 lieues juftes au dégré, & que depuis,
c'eft-à-dire en 1763, on a cru devoir fixer, con-
trairement à ces deux premières régles, *la lieue*,
à 2000 toifes. On a placé pour cet effet, fur
quelques grands chemins du Royaume, nommément fur tous ceux qui font autour de Paris,
des pierres milliaires, afin de défigner l'endroit
ou fe termine chacune de ces lieues de 2000 toifes; il feroit fans doute bien à fouhaiter qu'on
pofât plutôt à l'avenir ces pierres milliaires à chaque diftance *de cent mille demi travers de main*,
après qu'on les auroit auparavant fait mefurer
fur tous les chemins du Royaume.

Quant à ce que nous propofons dans l'article
ci-deffus, que ceux qui continueroient de nommer les diftances actuelles, lieues, milles, verftes
ou autrement, & qui ne les défigneroient pas
par la quantité de demi travers de main, feroient
punis par une amande; la raifon n'en eft pas
difficile à voir; fi cette amande n'étoit pas prononcée & payée, le commun peuple, qui n'en-
vifageroit pas toutes les conféquences & les avantages de la nouvelle dénomination des diftances,
pourroit bien continuer l'ancien ufage, qui ne
manqueroit peut-être pas à la longue de prévaloir, du moins dans certaines provinces ou contrées.

ARTICLE VIII.

„ Chaque souverain & république feroit de
„ pareilles défenses de se servir à l'avenir de toutes
„ les mesures quarrées ou d'arpentage qui sont
„ usitées dans ses Etats; mais au lieu de désigner
„ à la suite ces mesures par une ligne quarrée,
„ un pouce, un pied, un aune, un pas, une
„ toise, une perche quarrée. ou par d'autres,
„ mesures pareilles; par une lieue, un mille, un
„ parasangue, un stade, un schœne, un gos, un
„ lis, une cosse, un pu, un verste, un dégré
„ quarrés, ou par d'autres mesures semblables;
„ par un arpent, un journal, un acre, un setier,
„ une saumée, une fauchée, un rubbio, un mog-
„ gio ou par d'autres noms pareils, il feroit en-
„ joint à toutes personnes de quelque qualité &
„ condition que ce soit, sous la même peine d'a-
„ mande, de ne plus les indiquer que *par la*
„ *quantité juste de demi travers de main quar-*
„ *rés*, qu'il y a, pour quelque surface que ce
„ puisse être, & par les fractions ou les déci-
„ males du dernier demi travers de main, à
„ quelque nombre qu'ils puissent monter, évalua-
„ tion faite de ces mesures en demi travers de
„ main quarrés; savoir, par un, deux, trois,
„ quatre, cinq, six, sept, huit, neuf
„ demi travers de main quarrés; par dix,
„ vingt, trente, quarante, cinquante, cent, mil-
„ le, dix mille, cent mille demi travers de main
„ quarrés; par un million, dix millions, cent
„ millions de demi travers de main quarrés; par
„ billions, trillons, quatrillons, quintillons, sex-
„ tillons, septillons, octillons, neuftillons, dix-
„ tillons, onzetillons de demi travers de main
„ quarrés & au dessus.

„A l'effet de quoi, il feroit également enjoint
„ à tous les gens de justice, de police & de fi-
„ nances, notamment aux arpenteurs, notaires
„ & aux autres personnes pareilles, de ne plus

F 3

» se servir à l'avenir dans leurs opérations, &
» dans les différens actes publics, *des termes*
» d'arpens, d'acres, de journaux, de saumées, de
» fauchées, de sétiers, de rubbio, de moggio &
» d'autres noms semblables ; mais après avoir
» évalué les mesures d'arpentage du pays *in*
» *nouveaux demi travers de main quarrés*, ils
» ne pourroient plus dire autrement dans les ac-
» tes d'achats, de ventes, d'échanges, de lici-
» tation & autres qu'ils auront fait ou passé, si-
» non, *un tel nombre d'arpens de terre, d'acres,*
» *de saumées, de fauchées &c.* évalué *à un tel*
» *nombre de nouveaux demi travers de main*
» *quarrés de terres, de preys, de vignes, de bois,*
» & non autrement ; sous peine par ceux-ci, d'en-
» courir une amande *double* de celle prononcée
» contre les particuliers.

Les dispositions de l'article ci-dessus sont encore
bien importantes, & destinées à extirper des abus
non moins considérables que les précédents. On
conçoit assez, qu'ayant ci-devant établi que les
lignes, les pouces, les pieds, les aunes, les pas,
les toises, les perches & les autres mesures d'intervalles ; les lieues, les milles, les parasangues,
les gos, les stades, les schœnes, les cosses, les
lis, les pu, les verstes, les dégrés & les autres
mesures itinéraires se mesureroient par le nombre
précis de demi travers de main, où des points
que leur longueur contient, il étoit naturel qu'on
établisse, que *les quarrés* de ces mesures d'intervalles & itinérares, se compteroient aussi par *le*
nombre de demi travers de main quarrés ; le
principe de cette supputation des nouvelles mesures étant une fois établi, il n'en pouvoit que
résulter cette conséquence. Nous ne nous arrêterons pas à la commenter, puisqu'on la conçoit
assez par soi-même.

Mais un objet particulier, c'est sans contredit
la réduction des arpens, des journaux, des acres,
des sétiers, des saumées, des fauchées, des rub-

bio, des moggio & des autres mesures d'arpentage pour les terres, les preys, les jardins, les bois &c. aux demi travers de main quarrés, & la disposition qui est établie, que ces mesures ne se nombreroient plus par arpens ou autrement, mais *par la quantité juste de demi travers de main, qu'il y a.* Il est à propos que nous expliquions notre façon de penser à cet égard.

Voici donc la manière dont, en vertu de l'article ci-dessus, on évalueroit & on exprimeroit à l'avenir toutes les mesures d'arpentage pour les terres, les preys, les bois, les vignes, l'emplacement des maisons, les chénevières, les jardins, & autres possessions ; au lieu de le faire en arpens, journaux, acres, saumées, fauchées, sétiers, rubbio, moggio ou autrement, on le feroit en demi travers de main quarrés ; ainsi, l'arpent ordinaire de France étant de cent perches quarrées de 18 pieds chacune, cela fait 32,400 pieds de superficie, qui, évalués en nouveaux demi travers de main, font 2 millions 131 mille 600 demi travers de main & 3,600 points de 1728 au pied de Paris, qu'on évalueroit dans une colomne à côté aux nouveaux points ordinaires, & en cas de quelque fraction, aux points microscopiques ; autant de fois qu'il se trouveroit donc, dans un terrein arpenté soit de terres labourables, de preys, de vignes, ou d'autres héritages 2,131,600 *demi travers de main quarrés, plus* 3,600 *points de Paris*, autant de fois il faudroit compter *la surface d'un arpent ordinaire de Paris.*

L'arpent des eaux & foréts pour Paris & pour tout le Royaume, étant de 100 perches quarrées de 22 pieds chacune, cela fait 48,400 pieds quarrés, qui font 3 millions 168 mille 422 demi travers de main quarrés, plus 42 mille 282 points de Paris ; autant de fois qu'il y auroit donc dans un terrein quelconque 3,168,422 *demi travers de main &* 42,282 *points de Paris de superficie*, autant de fois on devroit compter *un arpent de France des eaux & forêts.*

L'acre d'Angleterre fait 1,135 toifes quarrées ou 40,460 pieds quarrés de Paris, qui font 2 mil-lions 645 mille 543 demi travers de main & 21,003 points de Paris; auffi fouvent qu'il y auroit donc dans la mefure d'un terrein 2,645,543 demi tra-vers de main quarrés & 21,003 points de Paris, autant de fois il faudroit compter un acre d'An-gleterre.

Il en eft demême pour le journal, la fauchée, la faumée, le fétier, le moggio, le rubbio, & & pour les autres mefures d'arpentage de la France, de l'Allemagne, de l'Angleterre, de la Sardaigne, des deux Siciles, de l'Italie, de la Ruffie, du Dannemarc, de la Suéde, de la Po-logne, de la Turquie, du Portugal, de l'Efpagne & de toutes les isles & colonies qui en dépen-dent, ainfi que de tous les autres Royaumes, Empires, Républiques & Etats du monde, lef-quels on réduiroit, par les mêmes régles que ci-deffus, aux demi travers de main quarrés & à fes fractions. Il feroit inutile d'en donner ici un plus ample détail, puifque cette réduction eft fi facile, que l'arithméticien le plus fimple eft en état de la faire. Il nous fuffira d'avoir indiqué la voye.

Qu'un feigneur, poffédant dans fa feigneurie, fon comté, fon Marquifat, fon duché, en une ou plufieurs pièces de terre contigues ou féparées, une grande quantité d'arpens de terres laboura-bles, de fauchées de preys, d'acres de vignes, ou en nature d'étangs, & d'arpens de bois, veuille faire procéder à leur arpentage général, il ne s'agira pas pour y parvenir de beaucoup de préparatifs, de calculs, de pertes de tems & de circonftances comme aujourd'hui, ou il ne s'opé-roit *prefqu'aucun arpentage exact, & ou il n'y ait eu plus ou moins d'erreur*; il fuffira feule-ment, de faire mefurer chaque pièce, quelque

grande qu'elle foit, qu'on aura réduit à un po-
ligone quelconque, fans angles rentrans, avec des
chaines ou des perches contenantes un certain
nombre de demi travers de main; faifant enfuite
leur réduction *en demi travers de main quarrées*,
fuivant les régles ordinaires de l'arpentage, on les
connoîtra au jufte.

Que ce Seigneur, veuille faire divifer chaque
piéce de terre, de preys, de vignes, de bois,
c'eft-à-dire, y faire des féparations comme cela
fe pratique ordinairement pour faire écouler les
eaux; il ne s'agira de fa part que d'ordonner
qu'on faffe ces féparations *par millions de demi
travers de main quarrés*, ou par deux, trois,
quatre, cinq, fix, fept, huit, neuf, dix millions
de demi travers de main quarrés, qui pourront
former la divifion de fes piéces de terres, *auffi
bien*, *& mieux* que par ce qu'on appelle aujour-
d'hui arpent, acre, journal, fauchée, fétier, faumée, rubbio, moggio & par d'autres noms pareils.

Qu'il vienne à refter de la piéce de terre ainfi
mefurée un bout, qui ne contiendroit par un
million de demi travers de main quarrés, il ne
fera pas befoin de dire; *plus un quart*, un tiers,
un demi quart, un feizieme, un vingtquatrième,
un trente deuzième d'arpent, de journal, d'acre,
plus, tant de toifes, tant de pieds, tant de
pouces quarrés &c; il fuffira fimplement de dire,
*plus tel nombre de demi travers de main quar-
rés*, comme fix, fept, huit, neuf, dix mille demi travers de main quarrés; vingt, trente, quarante, cinquante, cent mille demi travers de
main quarrés; deux, trois, quatre, cinq, fix,
fept, huit, neuf cent mille demi travers de main
quarrés, *plus ou moins*, jufqu'à un million.

Ce que nous avons dit des terres de cette feigneurie, doit s'appliquer à tous les autres terreins
grands & petits que ce puiffe être, appartenants
à des particuliers ou à des feigneurs dans tous les

Royaumes, Empires, Républiques & Etats du monde; il ne suffira pour y parvenir, que d'évaluer dabord la mesure entiere qui est en usage dans le pays, soit sous le titre d'arpent, d'acre, de journal, de moggio ou autre que ce puisse être, en pieds de France; multipliant ensuite ces pieds par le nombre 65, & 36,967 points de Paris, qui font la valleur en nouveaux demi travers de main quarrés d'un pied de Paris, *on aura la juste consistance* de toute sa propriété *à un demi travers de main quarré près*.

Afin que l'évaluation des arpens & des autres mesures d'arpentage ne souffre plus aucun rétard ni équivoque, on pourroit aussi ce semble, commencer par la faire faire *en demi travers de main quarrés, en marge de chaque pied terrier des lieux, pour tous les terreins qui y font contenus*, dont il seroit *dressé procès verbal* ensuite de chaque *pied terrier*; cette opération de calcul pourroit sûrement se faire très-facilement, dans peu de jours, par un arihméticien très-ordinaire; au moyen de quoi, toutes les mesures d'arpentage *de chaque pays*, seroient réduites à la valleur & à la dénomination des nouveaux demi travers de main quarrés, *en assez peu de tems*.

Quant à ce que nous statuons qu'à l'avenir, tout le monde sera obligé dans les actes publics de se conformer aux régles établies, sous peine d'amande, *particuliérement tous les gens de justice, de Police & de finances*, sous peine d'une plus forte amande, entr'autres *les arpenteurs & les notaires*, on en voit assez la nécessité. En effet, si cette précaution n'étoit pas prise, & si les amandes prononcées n'étoient pas rigoureusement payées, il se passeroit sans doute encore bien du tems, jusqu'à ce que la nouvelle dénomination des mesures d'arpentage ait lieu, quelsqu'en soient la simplicité, les prérogatives & les avantages sur la précédente.

La manière dont on indiqueroit à l'avenir l'é-

tendue & la confiftance des terres, des preys,
des vignes, des chénevières, des jardins, de l'emplacement des maifons, des rivières, des mers,
des bois & des pays, ainfi que des corps céléftes, ce feroit donc auffi par les quantités décimales, ou *par la quantité jufte qu'il y a de demi travers de main quarrés*, c'eft-à-dire, par un,
dix, cent, mille demi travers de main quarrés;
deux, trois, quatre, cinq, fix, fept, huit, neuf
cent mille demi travers de main quarrés de fuperficie; par millions, billions, trillons, quatrillons,
quintillons, fextillons, feptillons, octillons, neuftillons, dixtillons, onzetillons, douzetillons, treizetillons, quatorzetillons, quinzetillons, feizetillons de demi travers de main quarrés de fuperficie, & ainfi à l'infini; au moyen de quoi, on
pourroit facilement mefurer la jufte furface de
tous les Royaumes, Empires, Républiques &
Etats de la terre, ainfi que celle de tous les corps
terreftres & céléftes, en pouffant ces nombres
plus haut. Nous aurons lieu de rendre toutes
ces raifons encore plus fenfibles par des exemples
que nous en citerons dans la table générale ci-
après.

ARTICLE IX.

„En conféquence des difpofitions des articles
" ci-deffus, *les mefures cubes & folides*, régulières
" & irrégulières, foit triangles, cubes, cilindres,
" cones, prifmes, piramides, parallelipedes,
" fphères ou autres, feroient auffi évaluées à l'a-
" venir *fuivant le nombre des demi travers de
" main cubiques*, ou bien, *des points ordinaires
" ou microfcopiques qu'ils contiennent*; & défenfes
" feroient pareillement faites de plus les défigner
" autrement.

Cette difpofition fort néceffairement de toutes
celles dont il a été fait mention ci-deffus. En
effet: fi au lieu des diverfes mefures longues ci-
devant ufitées, dont nous avons rapporté les noms,

on ne fe fert plus que du feul demi travers de
main, ou bien des points ordinaires ou microf.
copiques ; fi on ne peut plus quarrer ces premières, il eft conféquent qu'on *ne doive plus dénom-
mer que les cubes & les folides de ces dernières ;*
cela eft néceffairement dans l'ordre des chofes.
Ce font des loix par exemple, qu'on *a la folidité
d'un cube, d'un prifme, d'un cilindre, d'un pe-
rallélipede*, en multipliant fa baze par fa hauteur ;
ce font des loix, que *pour avoir la folidité d'une
piramide ou d'un cone*, on doive multiplier fa
baze entiere par la troifième partie de fa hauteur ;
ou la hauteur par la troifième partie de fa baze ;
c'eft une loi, que *pour avoir la folidité de la
fphère*, il faut multiplier fa furface par la fixième partie de fon diametre.

Au lieu donc, qu'on faifoit ces multiplications
par des lignes & des pouces quarrés ; par des
pieds, des toifes & des perches quarrées ; par
des lieues, des verftes & des milles quarrés ou
autrement, on ne le feroit plus que *par des demi
travers de main quarrés*, ou bien, *par des points
ordinaires ou microfcopiques, pour la fraction du
dernier.* Par cette méthode, on parviendroit néceffairement beaucoup mieux à connoitre *les derniers élemens de tous les corps folides & liquides,*
que par toutes celles qui ont été mifes en ufage
jufqu'aujourd'hui. Nous ne nous arrêterons pas
beaucoup à examiner les fuites des difpofitions
de cet article, attendu que nous aurons encore
lieu d'en parler au long, en faifant mention des
autres mefures. Nous venons aux poids, que
nous avons fait paffer avant les autres mefures,
attendu que cet ordre, rélativement aux vues que
nous nous propofons dans cet ouvrage, nous a
paru plus naturel.

ARTICLE X.

„L'étalon des poids, qui ne s'appelleroit plus
„ livre, mais qui fe nommeroit à la fuite *ponde*,

„ feroit fixé *à la pesanteur juste d'un demi tra-*
„ *vers de main cubique d'or fin ou de coupelle.*
„ Le ponde d'or fin, ou de quelque matière fo-
„ lide que ce foit, fe diviferoit comme le demi
„ travers de main, par unités, dixaines, centai-
„ nes, mille, dixaines de mille, centaines de
„ mille jufqu'à un million de particules folides.
„ Le ponde fe nombreroit comme à l'ordinaire,
„ & fe couperoit en fractions comme il va être
„ dit; il fe multiplieroit & fe diviferoit par les
„ quantités décimales ; & on exprimeroit confor-
„ mement à la nature, les nombres intermédiai-
„ res des quantités décimales des multiplications
„ & des divifions ; la fraction du dernier ponde
„ & les nombres des quantités décimales du
„ ponde divifé.
„ En conféquence, très-expreffes inhibitions &
„ défenfes feroient faites à toutes perfonnes de
„ quelque qualité & condition qu'elles foient,
„ fous la même peine d'amande, d'ufer, pour
„ exprimer les nombres, les fractions, les mul-
„ tiplications & les divifions & diftinctions du
„ ponde, ou de l'ancienne livre, des dénomi-
„ nations de poids de marc, de poids de table,
„ de poids de romaine, de poids de vicomté,
„ de poids de femelle, de poids avoir du poids,
„ de poids de Troye; d'once, de gros, de denier,
„ de grain, de prime, de demi, de quart, de
„ huitieme, de feizieme, de trente deuxieme de
„ grain ou de prime & des autres fractions de la
„ livre pareillement ufitées ; défenfes leur fe-
„ roient faites de plus fe fervir de pites, de
„ droits, de flancs; de plus diftinguer les gros
„ poids, de ce qu'on appelle le poids fubtil ni
„ d'autres pareils ; de plus faire ufage des quin-
„ taux, des fchippondt, des lifpondt, des fteen,
„ & de leurs diftinctions fuivant les marchandifes
„ & les pays ; ni des bercovetz, des folotniches,
„ des poet, des battemans, des ocos, des che-
„ qui, des rottes, des rottolis, des picos, des

» cattis, des taels, des picols, des bahar, des
» mas, des condorin, des mans, des ferres, des
» facheray, des arobes, & de leurs diftinctions,
» ni de plus fe fervir de tous les autres poids
» quelconques qui font en ufage partout.

„Mais il leur feroit enjoint de ne plus fe fervir
» pour tous les poids, que des dénominations ci-
» après, ou bien d'analogues, favoir :

„*Pour les nombres*; d'un, deux, trois, quatre,
» cinq, fix, fept, huit, neuf pondes; ou bien
» d'un double, d'un triple, d'un quadruple,
» d'un quintuple, d'un fextuple, d'un feptuple,
» d'un octuple & d'un neuftuple ponde.

» *Pour les fractions* de trois quarts, de deux
» tiers de ponde; d'un demi ponde, d'un tiers,
» d'un quart de ponde; d'une cinquieme, d'une
» fixieme, d'une feptieme, d'une huitieme & d'u-
» ne neufieme partie de ponde.

„*Pour les multiplications*; de dix pondes, de
» cent pondes, de mille, de dix mille, de cent
» mille pondes; d'un million, de dix millions,
» de cent millions de pondes; de billions, de tril-
» lons, de quatrillons, de quintillons, de fextil-
» lons, de feptillons, d'octillons, de neuftillons,
» de dixtillons, d'onzetillons, de douzetillons,
» de treizetillons, de quatorzetillons, de quinze-
» tillons, de feizetillons de pondes, & ainfi à
» l'infini.

„*Et pour les divifions*, d'une dixieme partie
» de ponde, d'une centième, d'une millième,
» d'une dixmillieme, d'une centmillième jufqu'à
» une millionieme partie de ponde, & au deffous
» fi cela étoit jugé néceffaire, jufqu'au dernier
» élement.

„Pareilles défenfes feroient faites, fous la même
» peine, d'exprimer les nombres intermédiaires des
» quantités décimales du ponde, autrement que
» conformément à la nature, comme par exemple
» *pour les multiplications*, par onze, douze, treize,
» quatorze, quinze pondes; deux, trois, quatre,

„ cinq cens pondes; six, sept, huit, neuf mille
„ pondes; deux, trois, quatre, cinq cens mille
„ pondes; six, sept, huit, neuf millions. billions,
„ trillons, quatrillons, quintillons, sextillons, sep-
„ tillons, octillons, neuftillons, dixtillons, onze-
„ tillons, douzetillons, treizetillons, quatorzetil-
„ lons, quinzetillons, seizetillions de pondes, &
„ ainsi à l'infini.

„ *Et pour les divisions*; par onzieme, douzieme,
„ treizieme, quatorzieme, quinzieme partie de
„ ponde; cinquante sixieme, cinquante septieme,
„ cinquante huitieme, cinquante neufieme partie
„ de ponde; deux, trois, quatre, cinq-centieme
„ partie de ponde; six, sept, huit, neuf-millie-
„ me partie de ponde; deux, trois, quatre, cinq,
„ six, sept, huit, neuf cent millieme partie de
„ ponde, jusqu'à une millionieme partie de pon-
„ de, & même au delà, si cela étoit jugé né-
„ cessaire. Les défenses ci-dessus s'étendroient à
„ *la fraction du dernier ponde*, qui ne s'expri-
„ meroit plus que comme il a été dit pour les
„ fractions;

„ *Et aux nombres des quantités décimales du*
„ *ponde divisé*, qui ne s'exprimeroient plus
„ que par un, deux, trois, quatre, cinq, six,
„ sept, huit, neuf dixiemes, centiemes, millie-
„ mes, dixmilliemes, cent milliemes ou millio-
„ nieme partie de ponde, & au delà.

Nous voilà arrivé à la partie intéressante des
poids; cet objet est, comme on voit, des plus
considérables & des plus étendus; comme nous
avons taché autant qu'il nous a été possible dé
traiter sommairement une matière aussi vaste &
aussi compliquée, nous en déduirons les branches
avec autant d'ordre qu'il nous sera possible, en
tachant de nous expliquer sur tout ce qui peut
faire le sujet de quelque difficulté, & de le résoudre.

Nous disons 1°, que l'étalon des poids seroit
fixé à la pesanteur juste d'un demi travers de
main cubique d'or fin ou de coupelle.

Les raifons principales qui nous ont déterminé
à-adopter ce poids font 1.° que ce poids répon-
dant exactement à l'étalon des mefures des longueurs, qui répond à l'étalon des mefures des
teins, qui répond lui-même, comme on le verra
ci-après à l'étalon des mefures des liquides, tous
les poids & mefures que ce puiffe être auront
une rélation exacte entr'eux, à la différence de
prefque tous ceux qui font en ufage aujourd'hui,
dont on ne peut faifir les rapports qu'imparfaitement, & à l'aide fouvent de calculs & de pertes
de tems infinis. 2.° Cet étalon eft de la pefanteur de la livre de Paris & de la plupart des livres & poids matrices de l'Europe, à peu de
différence près; indépendamment de cette qualité,
il fera fufceptible de produire les mêmes avantages, comme on le démontrera de plus en plus.
3.° Ayant porté l'étalon des poids a un feul demi travers de main cubique d'or fin ou de coupelle, nous n'avons pas eu lieu, comme on voit,
de rompre l'unité; la ruption de cette unité, auroit fouvent entraîné les perfonnes qui auroient
été dans le cas de faire ufage des poids & mefures, dans des calculs affez confidérables, comme
on aura affez lieu de s'en appercevoir, ce que
nous avons voulu leur épagner; les conféquences
en euffent été infinies. 4.° Suppofons que nous
ayions pris pour étalon des poids, par exemple
un demi travers de main cubique de fer, de
plomb, d'acier, de pierre de taille, d'argent, d'eau,
ou d'autres matières, outre que ces étalons euffent été d'une pefanteur trop petite, c'eft qu'il
n'y a rien qui foit autant fujet à varier dans le
poids, que les autres métaux, qui, fuivant les
carrières ou les mines d'où on les tire, font de
qualités & de pefanteur prefque toujours différente,
encore qu'ils foient de la même efpèce. Ainfi,
en fixant, même pour l'étalon des poids, le cube
par exemple d'un demi travers de main de fer,
de plomb, d'acier, de pierre de taille, d'argent,

ou

ou bien d'eau, c'eut été une source d'erreurs & d'inconséquences dans le principe, à l'égard de bien des objets. Au contraire, celui que nous proposons, & que nous avons fixé à la pesanteur juste d'un demi travers de main cubique d'or, aura beaucoup plus d'avantages ; outre que l'or, est de tous les métaux le plus précieux, & le plus beau, il est aussi le plus ductile, le plus sujet à s'épurer des matières étrangeres, & le plus pesant ; en partant du demi travers de main cubique d'or fin, ou de coupelle, on pourra, avec plus d'avantage qu'auparavant, fixer la pesanteur & le volume spécifique de tous les métaux, ainsi que de toutes les matières solides & liquides.

Nous disons 2° ; que l'étalon du nouveau poids ne s'appelleroit plus la livre, mais qu'il se nommeroit *ponde*. On s'appercevra assez pourquoi nous avons pris à tache de réformer ce mot de *livre*, dont on use ordinairement en France pour désigner les poids ; en effet : ce même mot a déjà dans le françois des acceptions & des significations très-étendues, qui désignent des choses différentes. On entend par le mot *livre*, un écrit composé par un homme de lettres. On entend par *livre* une quantité fictive de monnoie, qui est en usage chez presque tous les peuples de l'Europe & du monde ; il paroît donc inutile & assez superflu de continuer à désigner encore par le mot de *livre*, le nouvel étalon du poids, qui n'a pas la moindre rélation avec les premiers termes, & qui n'en a que de défectueuses & de très équivoques avec le dernier. Il nous paroît qu'en adoptant le mot *ponde*, emprunté de l'allemand *Pfund*, que nous avons rendu d'une prononciation plus aisée, lequel mot est déjà en usage dans la plus grande partie de l'Europe, on corrigeroit avec assez d'avantage un vice essentiel de la langue françoise.

Nous disons 3° que le ponde de quelque corps

folide que ce foit, fe diviferoit comme le demi travers de main par unités, dixaines, centaines, mille, dixaines de mille, centaines de mille, juf-qu'à un million de particules folides.

Tout phyficien & tout lecteur intelligent con-cevra l'avantage qu'il y auroit d'ufer à l'avenir de pareilles divifions, au moyen defquelles on pourra connoître exactement, & aux plus petites parti-cules près, la pefanteur fpécifique de tous les corps, & la proportion de leurs volumes refpec-tifs ; l'ufage avantageux qui pourra en être fait dans toutes les fciences & dans tous les arts, fera fans contredit immenfe & in fini; la divifion du ponde de tous les corps, en parties infiniment petites, ferviroit à déterminer plus au jufte les derniers élemens de toutes les matières quelcon-ques, leur dégré de bonté ou de corruption, les parties hétérogenes qu'elles peuvent contenir, ainfi que leurs différences & leurs rapports entr'elles.

Nous n'avons pas voulu porter la divifion du ponde ou du demi travers de main d'or fin, *au-delà de la millionieme partie*, dont une feule fe-roit juftement de la groffeur & de la confiftance du point ordinaire; la raifon eft, qu'il paroit qu'il feroit déjà affez difficile de former des par-ticules d'or de la groffeur d'un point ordinaire, à combien plus forte raifon de la groffeur d'un point microfcopique? Nous avons tout calculé pour le mieux; au furplus nous laiffons à l'en-tiere liberté des gens de l'art, de pouffer cette di-vifion plus loin s'ils veulent ; nous prions de con-fidérer, que chaque particule ordinaire étant un cube, fi elle eft fuppofée avoir en diametre dix particules moindres feulement, le cube de cha-cune contiendra mille particules minimes; c'eft une divifion qui nous paroit infiniment difficile à faire, même pour l'or, quelque ductilité & mal-léabilité confidérables qu'on lui attribue, & qui feroit d'ailleurs tout-à-fait imperceptible à l'œil ordinaire.

Lorsqu'on fuppofera que chaque particule d'or fin fera de la groffeur d'un point ordinaire. alors un ponde ou un demi travers de main cubique contiendra un million de particules, qui peferont chacune autant que des particules plus groffes d'autres métaux, corps ou matières/qui auront un volume plus gros, chacun fuivant la proportion que nous indiquerons ci-après, le rapport de toutes les particules ordinaires d'un ponde ou d'un demi travers de main cubique, étant de ce nombre; & lorfqu'on fuppofera que chaque particule d'or fin fera de la groffeur d'un point microfcopique, alors, un demi travers de main cubique contiendra un billion jufte de femblables particules d'or fin microfcopiques.

Réciproquement, lorfqu'on réduira à un demi travers de main cubique, un lingot d'autre métal que de l'or fin, comme par exemple d'argent, de cuivre, de fer, d'étain, de plomb ou d'autres corps ou matières folides & liquides, alors une millionieme partie par exemple de ces derniers métaux ou corps folides & liquides, pefera autant de moins, que fon volume fpécifique fera plus gros. Nous aurons foin d'en indiquer ci-après les proportions. Comme néanmoins nous doutons fi un volume d'un demi travers de main cubique d'autres métaux ou matières folides & liquides, que de l'or fin, feroit affez ductile, pour pouvoir être réduit à un million de particules? nous avons mieux aimé n'étendre notre divifion d'un million de particules, qu'à un ponde de ces métaux, corps ou matières folides & liquides, dont chaque millionieme partie ayant alors un volume plus fort que celui de l'or fin de pareil poids, paroîtra devoir mieux fe foumettre à la divifion.

Nous difons 4.º , que le ponde fe nombreroit comme à l'ordinaire, fe couperoit en fractions, fe multiplieroit & fe diviferoit par les quantités décimales ; & qu'on exprimeroit naturellement les nombres intermédiaires & les autres.

Le ponde de quelque corps que ce foit, étant proprement un cube plus ou moins grand, fuivant fon efpèce, divifé en un million de particules qui le compofent, il ne pourroit qu'être dans le cas d'éprouver en tout, les mêmes numérations, fractions, multiplications, divifions & leurs accef. foires du demi travers de main. Rien ne feroit fans doute plus dans l'ordre des chofes. Nous ne ne nous étendrons pas fur cet objet, que nous aurons lieu de développer de plus en plus, & dont nous avons déja donné raifon.

Nous difons 5° qu'en conféquence, défenfes feroient faites à toutes perfonnes, d'ufer de la dénomination des anciennes livres & de tous leurs acceffoires, particuliérement des termes & fignifi. cations de poids de marc, de poids de table, de poids de Vicomté, de poids de femelle, de poids avoir du poids, de poids de Troye, de livre, de marc, d'once, de gros, de grain, de prime, & des autres fractions de la livre qui font pareillement ufitées.

De ne plus fe fervir de pites, de droits, de flancs; de ne plus diftinguer ce qu'on appelle gros poids d'avec le poids fubtil, ni d'autres pareils.

De ne plus faire ufage des quintaux, des fchip-pondt, des lifpondt, des fteen & de leurs diftinctions fuivant les marchandifes & fuivant les pays; ni des bercovetz, des pondes, des folotniches & & des autres poids que nous avons nommé, ainfi que de ceux qui ne le font pas.

Le lecteur fentira affez de lui-même, combien toutes ces diftinctions des poids font ridicules & fuperflues, dès qu'on peut les exprimer par un feul, qui fera d'un ufage auffi bon & meilleur que les précédents. C'eft ce que remplit le pon-de que nous établiffons.

Nous avons joint à la fuppreffion mentionnée, *même le poids de Romaine;* la raifon eft, que quoiqu'il soit d'un usage assez facile dans le commerce, il est cependant défectueux, puisqu'il rapporte ordinairement quatre & cinq pour cent, plus ou moins de la véritable pesanteur. Nous avons voulu éviter jusqu'aux moindres principes d'erreurs.

La livre, & toutes les parties dans laquelle on la divise ordinairement n'auroit plus lieu pareillement ; l'inconvénient de la division ordinaire de la livre s'apperçoit assez dans l'usage ordinaire qu'on en fait dans le commerce en général, particuliérement en medécine, & chez les essayeurs, métallurgistes, fondeurs & autres artistes, puisqu'ils sont obligés de prendre, comme on le verra ci-après, le gros, pour un quintal, qu'ils sousdivisent ensuite de différentes manières, afin de connoitre les plus petites parties des métaux & des autres matières ; or, par notre méthode, tous ces inconvéniens, comme on le verra, sont applanis, & toutes les choses se trouvent infiniment simplifiées.

Dans l'ordre de l'abrogation des divisions usitées de la livre, se trouvent aussi les pites, les droits & les flancs, qui, quoiqu'étant une division fort petite de la livre, ne sont pas néanmoins leur division telle qu'on pourroit & qu'on devroit la faire, & dont les noms étant d'ailleurs particuliers, ne servent qu'à charger la mémoire d'inutilités.

Les quintaux, les schippondt, les lifpondt, les steen, & leurs distinctions suivant les marchandises & les pays seroient pareillement dans le cas des défenses ci dessus; il en est demême des autres poids, tels que les bercovetz, les pondes, les solotniches, les poet, les battemans, les ocos, les chequi, les rottes, les rottolis, les picos, les catti, les taels, les picols, les bahar, les mas, les condorin, les mans, les serres, les sacherai, les arobes & leurs distinctions, & généralement tous les poids pareils ici nommés ou non nom-

més, puifque par un feul étalon tel que le ponde, on les exprimeroit *tous*, auffi bien & beaucoup mieux qu'auparavant. Nous ne nous arrêterons pas à commenter tous ces objets, dont
on voit les avantages, que nous avons déja affez
fait connoitre par tout ce que nous avons dit;
ces avantages fe déployeront de plus en plus par
tout ce que nous dirons encore ci-après.

Nous difons 6° qu'il feroit enjoint à toutes
perfonnes de ne plus fe fervir pour tous les poids,
que des dénominations ci-après, ou bien d'analogues, favoir: *pour les nombres*; d'un, deux,
trois, quatre, cinq, fix, fept, huit, neuf pondes;
ou bien, d'un double, d'un triple, d'un quadruple, d'un quintuple, d'un fextuple, d'un feptuple, d'un octuple & d'un neuftuple ponde.

Nous avons déja fait voir l'avantage de cette
méthode à pareil article du demi travers de main;
toutes les raifons que nous y avons déduit peuvent être appliquées au ponde; ainfi, voulant favoir le poids d'un corps ou d'une matière quelconque, on diroit, un, deux, trois, quatre, cinq,
fix, fept, huit, neuf pondes; ou un double, un
triple, un quadruple, un quintuple, un fextuple,
un feptuple, un octuple & un neuftuple ponde.

Quoique notre ponde ne foit pas fort pefant,
il eft fenfible qu'en exprimant *l'addition des
nombres* comme on vient de le faire, *cela revient
au même, que fi on avoit fait le ponde beaucoup
plus gros.* Il ne peut donc y avoir aucun inconvénient dans la numération du ponde, ainfi que
nous la propofons; mais au contraire, on y appercevra bien des avantages, que n'a pas l'étalon
des livres ordinaires de nos jours.

Nous difons 7°, que le ponde fe couperoit en
fractions par trois quarts, deux tiers de ponde;
un demi ponde; un tiers, un quart de ponde;
une cinquième, une fixième, une feptième, une
huitième & une neufième partie de ponde.

Les mêmes raifons que nous avons rapporté à

pareil article pour le demi travers de main, doivent être appliquées aux fractions du ponde, de quelque matière solide que ce soit, lequel peut-être sujet aux mêmes fractions, ainsi qu'aux mêmes multiplications & divisions du demi travers de main; toutes les fractions anciennes du ponde & de la livre, qui ont quantité de noms divers, n'auroient donc absolument plus lieu.

L'avantage de cette méthode n'est pas moins frappant que celui des autres mesures. En effet: qu'est il besoin de dire pour exprimer les fractions de la livre, un marc? une, deux onces? trois, quatre, cinq gros? six, sept, huit, deniers? neuf, dix, onze, douze grains? lorsqu'on peut dire avec beaucoup plus de facilité, trois quarts, deux tiers de ponde; un demi ponde; un tiers, un quart de ponde; une cinquieme, une sixieme, une septieme, une huitieme & une neufieme partie de ponde?

Il est certain que ces dernières dénominations rempliroient l'objet des fractions qu'on voudra désigner du ponde ou de la livre, beaucoup mieux qu'actuellement, puisque pour connoitre la valleur des marcs, des onces, des gros, des deniers, des grains & des autres fractions de la livre, il est pourtant nécessaire qu'on les réduise, par chiffres, à la valleur de fractions déterminées de la livre.

On pourroit composer les étalons qu'on fabriqueroit d'un ponde, par exemple de cuivre, de fer, ou de plomb, de toutes les fractions avant dites, ainsi que des principales divisions décimales dont il a été fait mention, & dont on parlera encore ci-après, comme on le voit très ingénieusement pratiqué pour les étalons ordinaires des livres de nos jours; lesquels on fait ordinairement revenir *de la ville de Nuremberg*, où s'en fait la principale & la meilleure fabrication, au prix le moins couteux.

Nous disons 8°, que le ponde se multiplieroit

G 4

par dix pondes ; cent pondes, mille, dix mille, cent mille pondes ; un million, dix millions, cent millions de pondes ; & par billions, trillons, quatrillons, quintillons, fextillons, feptillons, octillons, neuftillons, dixtillons, onzetillons, douzetillons, treizetillons, quatorzetillons, quinzetillons, feizetillons, dixfeptillons, dixhuitillons, dixneuftillons, vingtillons de pondes, & ainfi à l'infini.

Il faut encore rapporter ici, ce que nous avons dit à pareil article pour le demi travers de main, ainfi que ce que nous dirons ci-après pour la bouteille ; tout cela doit s'appliquer généralement au nouveau ponde. Nous devons éviter de nous répéter. Nous dirons feulement ce qui nous paroitra néceffaire.

Un des avantages les plus confidérables de notre plan, ce fera fans contredit celui de faire profcrire cette immenfe quantité qu'il y a de poids, & d'en fubftituer un à la place qui puiffe tenir lieu de tous les autres, & qui défigne en même tems la jufte pefanteur des corps, auffi bien & mieux qu'auparavant. C'eft ce qu'effectuera le ponde, multiplié ainfi que nous le propofons. Cette multiplication des pondes pourra tenir lieu fans contredit de tous les poids que ce puiffe être, quoiqu'il y en ait peutêtre actuellement dans le monde un nombre de plus de *trente mille*.

Ainfi, qu'on veuille exprimer la valleur de plufieurs livres d'or, d'argent, de fer, de cuivre, d'étain, de plomb ou d'autres métaux & matières folides; ou bien d'un quintal, d'un fchippondt, d'un lifpondt, d'un fteen, d'un bercovetz, d'un folotniche, d'un poet, d'un batteman, d'un ocos, d'un chequi, d'une ferre, d'une rotte, d'un rottolis, d'un picos, d'un cattis, d'un taels, d'un picol, d'un bahar, d'un mas, d'un condorin, d'un mans, d'un facheray, d'une arobe, & de mille autres gros poids de ces mêmes matières, il ne s'agira que de multiplier simplement ces pondes, en disant; dix pondes, cent pondes, mille pondes ou plus d'or, d'argent, de fer, de cuivre, d'étain, de plomb; voudra-t-on exprimer, plusieurs quintaux, schippondt, lispondt, steenbercovetz de ces matières, & d'autres poids pareils, il suffira de dire simplement, dix mille pondes, cent mille pondes; millions, dix millions' cent millions de pondes; billions, trillons, qua͏̈trillons, quintillons, sextillons, septillons, octillons, neuftillons de pondes d'or, d'argent, de fer, de cuivre, d'étain, de plomb, ou d'autres matières, & audessus; il ne faudra pas pousser ces multiplications bien loin, pour avoir la pesanteur juste d'un ou de plusieurs corps ou matières solides, quelque grosses & en quelque grand nombre qu'elles puissent être. On jugera facilement que cette manière de supputer la valleur de tous les poids est *bien simple*, & en même tems *bien plus facile & plus naturelle que les précédentes.*

Comme nous aurons lieu de parler ci-après des grains, que nous proposerons également d'être pesés à l'avenir au poids & à la balance, nous croyons devoir en donner ici des exemples pour les multiplications, les divisions & leurs accessoires; ils nous dispenseront d'en faire mention à leur article, quand nous en traiterons ci-après. Nous avons jugé pouvoir placer ici ces exemples plutôt qu'ailleurs; la principale raison est, que tout lecteur conçoit de lui-même qu'il ne peut pas y avoir la moindre difficulté pour la multiplication, telle que nous la proposons, des pondes pour l'or, l'argent, le fer, le cuivre, l'étain, le plomb, & pour tous les autres corps & matières pareilles solides; mais qu'il paroit qu'il y en aurait d'avantage dans la multiplication des pondes *pour les grains*; ce premier objet est déja assez en usage partout, mais quant au dernier, il ne l'est encore pas, ou il l'est très peu, & il s'agit *d'extirper un grand préjugé qui existe à cet égard.* Voici donc ces exemples.

Qu'est-il besoin de dire pour exprimer plusieurs livres ou pondes rassemblés, un quarteron de grains ? un bichet ? un boisseau, un minot, une mine, un septier, un maldre, une tonne, un muid ? lorsqu'on peut dire avec autant de facilité, dix pondes; cent pondes; mille, dix mille, cent mille pondes; un million, dix millions, cent millions de pondes, un billion, dix billions, cent billions de pondes, & audessus, *pesants*, de tel grain ou graine, ou de telle matière solide ou sèche, *de telle qualité*, à *un tel prix* ? il est avéré que par cette méthode la quantité des grains s'entendra beaucoup plus facilement que par cette foule de noms, ainsi que celle des métaux & des autres corps solides dont nous avons fait mention.

Tout ce que nous avons dit à l'article 9eme touchant les mesures cubiques & solides, régulieres & irrégulieres, soit triangles, cubes, cilindres, cones, prismes, piramides, parallélipedes, spheres ou autres, doit s'appliquer ici à tous les corps & matieres solides que ce puisse être, ainsi qu'aux matieres liquides dont nous parlerons. Nous éviterons au lecteur des répétitions superflues, auxquelles il lui sera facile de suppléer.

Nous disons 9°, que le ponde se diviseroit par dixieme partie de ponde, par centieme, millieme, dix milliéme, cent millieme, jusqu'à millionieme partie de ponde, & audessus, si cela étoit nécessaire.

Les raisons de la division sont les mêmes que celles de la multiplication; ainsi, qu'est-il besoin de dire pour désigner la douzieme, la treizieme, le quatorzieme, la quinzieme, la seizieme partie de la livre, une once ? qu'est il besoin de dire un gros, pour en désigner la 128eme partie ? un denier, pour la 384eme partie ? un grain, pour la 9 mille 216eme partie ? & une prime, pour la 203 mille 184eme partie ? lorsqu'on peut le faire avec beaucoup plus de facilité par les noms

bres propres ? ou plutôt, par les quantités décimales ? comme, par dixieme, centieme, millieme, dixmillieme, cent millieme, millionieme partie de ponde & audessus, jusqu'au dernier élé-
ment ? Cette derniere méthode paroit sans contredit beaucoup plus aisée & plus naturelle.

Nous disons 10°, que pareilles défenses seroient faites d'exprimer les nombres intermédiaires des quantités décimales du ponde, que *conformément à la nature*, comme par exemple
pour les multiplications, par onze, douze, treize,
quatorze, quinze pondes; cinquante six, cin-
cinquante sept, cinquante huit, cinquante neuf
pondes; deux, trois, quatre, cinq cent pondes &c.

Nous croyons pouvoir donner un exemple de ce
que nous venons de dire, pour les grains; ainsi,
il semble que leur quantité s'exprimeroit moins
bien par muids, septiers, maldres, sirtels, mines,
minots, tonnes, schippondt, lispaadt, boisseaux,
reseaux, bichets, quarterons, litrons ou par d'autres dénominations pareilles que *suivant la nature,
& par le nombre des etalons du poids*, comme
par onze, douze, treize, quatorze, quinze pondes; cinquante six, cinquante sept, cinquante
huit, cinquante neuf pondes; deux, trois, quatre,
cinq cens pondes; six, sept, huit, neuf mille pondes;
deux, trois, quatre, cinq cens mille pondes; six,
sept, huit, neuf millions, billions, trillons, quatrillons, quintillons, sextillons, septillons, octillons, neustillons, dixtillons de pondes, & audessus.

*A l'égard des nombres intermédiaires des quan-
tités décimales des divisions* de toutes les matieres,
ils s'exprimeroient par onzieme, douzieme, treizieme, quatorzieme, quinzieme partie de ponde;
cinquante sixieme, cinquante septieme, cinquante
huitieme, cinquante neufieme partie de ponde;
deux, trois, quatre, cinq, six, sept, huit, neuf
cens millieme partie de ponde, jusqu'à la millio-

nième partie du ponde; & audeſſus, ſi cela étoit
néceſſaire.

Il en deméme de la fraction du dernier ponde; nous poſons pour exemple des objets mentionnés, qu'il ſoit queſtion d'exprimer un poids
quelconque, comme par exemple, *quinze mille,
ſix cens, vingt cinq livres & un quart de froment*; comment faudroit il s'y prendre pour le
faire ſuivant l'uſage uſité tous les jours?

Nous admettons que le boiſſeau du froment
dont il s'agit peſe 20 livres; quoique cette denrée peſe ſouvent plus ou moins cela ne fait rien
à notre hypothéſe, puiſqu'il eſt néceſſaire de
prendre les proportions; parconſéquent, le litron
peſera une livre & un quart de livre; le minot
60 livres, la mine 120 livres; le ſeptier 240 livres, & le muid 2880 livres.

Il faudroit donc dire pour exprimer le poids
propoſé ſuivant les meſures ordinaires, *cinq muids
quatre ſeptiers, une mine, un minot, deux boiſ-
ſeaux quatre litrons & un cinquieme de litron
de froment.*

Or, qui eſt-ce qui ne conviendra pas qu'il eſt
mille fois plus facile, de dire en place de *cette
multitude de noms barbares*, qui ne ſont propres
qu'à faire perdre un tems précieux en calculs &
à embrouiller, tout uniment, 15,625 *livres* $\frac{1}{4}$ de
froment? Ces quantités de livres étant réduites
au ponde, produiroient abſolument le même &
ſemblable effet.

On exprimeroit auſſi ſuivant la nature, le nombre des quantités décimales du ponde diviſé; en
voici un exemple.

On a tous les jours beſoin de pluſieurs parties
diviſées de matières quelconques qu'on achete,
comme par exemple, en medécine, il eſt utile
que pour l'uſage, on diviſe des drogues par onces, gros, dragmes, ſcrupules, grains, primes;
la méthode que nous propoſerions donc à cet
égard, la voici.

Au lieu de diviser les parties du ponde comme il vient d'être dit, ce seroit de le faire par dixième, centième, millième, dixmillième, cent millième & millionième partie & audessous; & dans l'usage ordinaire, au lieu qu'on disoit auparavant une, deux, trois, quatre, cinq, six, sept, huit, neuf onces, gros, dragmes, scrupules, grains, primes; on diroit une, deux, trois, quatre, cinq, six, sept, huit, neuf dixièmes, centièmes, millièmes parties de ponde, de telle drogue ou marchandise, & ainsi du reste.

Tout cela *reviendroit assurément* au même, & il nous semble que ces divisions & ces expressions seroient *beaucoup plus simples & plus claires*, & qu'elles obvieroient à une infinité d'inconvéniens.

Ainsi, toute la nomenclature des poids & mesures mentionnés & de leurs fractions, multiplications & divisions quelconques ci-devant usitées, n'auroient plus lieu à l'avenir; en cela, non seulement on parviendroit mieux, nous le disons, à découvrir *les derniers élemens de toutes les matières qui sont dans la nature*, mais la nouvelle méthode pourroit servir merveilleusement *aux physiciens*, en partant par exemple du ponde ou du demi travers de main d'or fin ou de coupelle, *comme d'un point fixe*, à en connoître & à en désigner la différence & les rapports plus justes, qu'ils n'ont été tracés jusqu'aujourd'hui; dans quelqu'endroit qu'on soit de la terre, on pourra donc déterminer la mesure du ponde, en prenant le cube d'un demi travers de main, ou de deux travers de doigt moyens d'or fin ou de coupelle, dont la pesanteur sera la valleur juste du nouveau poids.

ARTICLE XI.

„Les poids usités chez les orfèvres, les fon-
„ deurs, les essayeurs, les métallurgistes & par-
„ mi les autres professions pareilles; seroient les

„ mêmes que le ponde & ses nombres, fractions,
„ multiplications, divisions & accessoires ; en con-
„ séquence, défenses leur seroient faites, de plus
„ se servir *du quintal, pour un gros,* & des au-
„ tres fractions & divisions usitées jusqu'à pré-
„ sent ; mais il leur seroit enjoint de les expri-
„ mer à l'avenir & de les diviser, comme il a
„ été dit, par dixième partie du ponde, cen-
„ tième, millième, dixmillième, vingtmillième,
„ vingtcinq millième, trente millième, quarante
„ millième, cinquante millième partie de ponde,
„ & audessous s'ils le jugent à propos; sans pou-
„ voir se servir davantage d'aucun nom usité,
„ comme de quintal, de livre, d'onces, de demi
„ onces, de loth, de gros, de deniers, de grains,
„ de primes, de siciliques, de demi siciliques, de
„ pites, de droits, de flancs & de tous autres
„ noms pareils, à peine d'amande ; à l'effet de
„ quoi, on continueroit de construire, pour tou-
„ tes les professions qui en auroient besoin, des
„ petites balances, qui seroient appropriées à la
„ petitesse des objets.

Il est connu que les orfévres, les fondeurs,
les essayeurs, les métallurgistes & autres artistes
pareils, qui par leur profession séparent souvent
l'or, l'argent & les métaux de leurs alliages, où
qui les travaillent, ainsi que les personnes qui
récherchent la connoissance du titre des différentes monnoies d'or & d'argent, allié au cuivre,
à l'étain, au plomb ou à quelqu'autre métal,
sont souvent obligés de peser les plus petites &
les plus minces particules de ces métaux; pour
cet effet, ils se servent de poids particuliers, très-
petits, & de balances proportionnées à cette petitesse; par exemple, ils supposent que le gros du
marc vaut un quintal, ou cent livres égales;
quelques fois ils divisent leur gros ou quintal, en
cent dix livres, & même en un plus grand nombre. La livre est divisée en 32 parties ou demi
onces; la demi once en deux siciliques; le sicili-

que en deux demi siciliques ou dragmes; & le demi sicilique ou dragme en demi, quart, & huitième. On conçoit que toutes ces divisions sont bien petites; les balances dont on se sert pour cet effet sont proportionnées à ces poids.

Or, suivant notre sentiment, il ne seroit pas peu avantageux de supprimer aussi toutes ces divisions, qui ne font que charger l'esprit d'une nomenclature inutile, à laquelle on attache souvent beaucoup de science, quoique ce ne soient que des mots, & qui ne font que faire perdre un tems précieux en calculs & en essais aux gens de l'art. Au lieu des divisions dont nous venons de parler, & de bien des autres, qui varient suivant les pays, on feroit donc ces divisions par dixieme partie du ponde, centième, millième, dix millième, vingtmillième, vingtcinqmillième, trentemillième, quarantemillième, cinquante millième, & même par cent millième partie du ponde, & audessous.

En effet: ne seroit-il pas beaucoup plus facile de nommer & de diviser le ponde, *en disant au juste sa quantième particule*, qu'en se servant de toutes ces dénominations étrangeres, & fort difficiles & baroques, lesquelles paroissent n'avoir été inventées que pour embrouiller. Oui, sans doute, nous conviendra-t-on; *cela seroit beaucoup plus aisé* ?

Qu'un essayeur veuille donc déterminer par le poids, la quantité d'or d'un louis, qu'il faut pour faire 6 livres; & il trouvera que c'est le poids de la 4eme partie du louis; qu'il veuille déterminer par le poids la quantité d'or pour faire 3 livres, & il trouvera que c'est la 8eme partie; il trouvera demême que, pour une pièce de 24 sols, c'est la 20eme partie; pour 20 sols la 24eme partie, pour 12 sols la 40eme partie, pour un sol la 480eme partie, pour un demi sol la 960eme partie, pour un liard la 1920eme partie, pour un denier la 5,760eme partie, & pour un demi denier il trouvera que c'eft la 11,620eme partie; ayant donc trouvé, par le moyen de la petite balance & par les régles ordinaires ufitées chez les effayeurs, un poids d'or faifant la 960eme, la 1920eme, la 5760eme ou la 11,620eme par. tie du louis, on pourra déterminer la quantité d'or qui compofe un louis à un liard, à un de. nier ou à un demi denier près. Il en eft demê. me des autres métaux.

Quoique nous ayions divifé dans l'article précé. dent le ponde de quelque métal ou corps que ce foit, en un million de particules, nous n'a. vons pas néanmoins pouffé la divifion des mé. taux pour les orfèvres, les fondeurs, les effayeurs, les métallurgiftes , & les autres artiftes pareils au. delà de la cent millième partie, ou bien de la cinquante millième partie; parceque nous dou. tons qu'une particule pareille de la cinquante millième partie d'un métal, ou d'un liquide, puiffe être déterminé par le poids à l'aide d'une balance, quelque petite & exacte qu'elle foit; mais nous difons que ces perfonnes ayant trouvé par le poids la cent millième partie du ponde, ou feulement la cinquante millième ou la vingtcinq millième partie, on pourra plus facilement qu'au. paravant, foit idéalement ou à l'aide du micros. cope, divifer une partie d'un poids pareil en parties plus petites, jufqu'à la millionième; ainfi, fuppofé qu'on ne puiffe trouver à l'aide du plus petit poids, & de la plus petite & exacte ba. lance que la vingtcinqmillième partie du ponde d'or, ayant trouvé une femblable particule, fi on la divife en deux, chaque partie formera la cin. quante millième partie du ponde d'or, fi on la divife en quatre, chacune formera la cent mil. lième partie du ponde; enfin fi, à l'aide du mi. crofcope, on la divife en quarante, chaque qua. rantième particule formera précifement ce qu'on appelle la millionième partie du ponde. Quoique l'ufage de la matière que nous venons de traiter

foit

très-étendu, nous ne pousserons pas nos observations plus loin. *Il nous suffira d'avoir indiqué*
la voye.

ARTICLE XII.

„Expresses inhibitions & défenses seroient faites
„ dans toutes les souverainetés & républiques,
„ de plus se servir à l'avenir des poids & me-
„ sures qui y sont actuellement en usage *en Me-*
„ *decine*, nommément de ceux de livre de mé-
„ decine, d'onces, de dragmes, de scrupules,
„ d'oboles, de grains, de primes; ni *pour les*
„ *doses*, des termes de fascicules, de poignée,
„ de pincée, de cueillerée, de tasse, de petit
„ verre, de goutte; de grosseur d'une noix muf-
„ cade ou d'une noisette; de la poudre autant
„ qu'il en peut tenir sur le manche d'une cueil-
„ lere, ou sur la pointe d'un couteau, ou d'au-
„ tres termes & expressions pareilles; mais il se-
„ roit enjoint à tout le monde, notamment
„ aux medécins, chirurgiens, apoticaires, épi-
„ ciers & aux autres personnes de toutes les pro-
„ fessions, de ne plus se servir à l'avenir, au lieu
„ de tous les poids, mesures & doses ci-dessus,
„ que *du ponde*, & de ses fractions, multiplica-
„ tions, divisions & accessoires, ainsi & demême
„ que cela est prescrit ci-dessus pour les orfèvres,
„ les essayeurs, & les métallurgistes; à l'effet
„ de quoi, tous les poids, mesures & doses ci-
„ dessus seroient toujours, suivant l'ordonnance
„ du medécin ou d'autres personnes, désignées
„ & pesées par la quantième partie du ponde ou
„ de la bouteille ci-après, qu'ils contiennent;
„ c'est-à-dire, par le ponde & la bouteille, ou
„ leurs nombres, fractions, & multiplications;
„ ou bien, *pour les divisions du ponde ou de*
„ *la bouteille*, par la dixième, la centième, la
„ millième, la dixmillième, la vingtmillième, la
„ vingtcinqmillième partie du ponde ou de la
„ bouteille, & audessous. Les apoticaires, épi-

H

,, tiers, marchands-droguiftes & autres, qui n'au-
,, roient pas de poids & de balances appropriées
,, à ces fractions & divifions, feroient tenus de
,, s'en munir pour leur fervir au befoin.

S'il y a des abus confidérables qui fe commettent
fur le fait des poids & mefures, c'eft furtout
en médecine, particulièrement pour la prefcription jufte des dofes de drogues, dont on doit
compofer les médicaments; fans faire beaucoup
mention des abus des termes de livres de médecine, d'onces, de dragmes, de fcrupules,
d'oboles, & de grains dont eft compofée la livre
médicinale, dont la pefanteur varie fuivant les
pays, comme on a vû ci-devant, & qui font
dans le même cas d'abrogation des autres
poids dont nous avons parlé à l'article 11ème,
ces dofes font fouvent défignées en medécine
de manière, qu'il eft très-facile de fe méprendre-
dre, & de compofer fouvent un médicament
du double ou du triple, comme auffi de moitié, ou moins encore, que ce que le medécin avoit intention de prefcrire; à notre avis,
non feulement il feroit plus avantageux, mais
il feroit même néceffaire de ne plus défigner
ces dofes qu'au poids & à la balance. En effet:
combien de fois, par la prefcription d'une dofe
par le medécin, comme par exemple, d'un fafcicule, d'une poignée, d'une pincée, d'une cueillerée, ou autrement, l'apoticaire, en fe réglant
la deffus, l'a fait trop forte ou moindre, de manière que le malade à langui beaucoup plus longtems dans fa maladie, ou qu'il a tout-à-fait pé-
ri; fi on faifoit des recherches exactes, on trouveroit peut-être que les événemens de ces chofes
ne font pas fort rares; aura ce été la faute du
medécin? non; puifqu'il connoiffoit fon art, &
qu'il avoit peut-être donné le reméde approprié
à la maladie. Aura ce été la faute de l'apoticaire?
non: puifqu'il ne fe fera pas moins conformé aux
régles qui lui font prefcrites dans fa profeffion,

A qui devra-t-on donc en imputer la faute ? à aucune autre cause, sinon, à la defectuosité & à l'imperfection des poids & mesures établis en médecine. Il est donc du plus grand intérêt pour la société en général, & pour la médecine & la pharmacie en particulier, qu'on y anéantisse tous les poids & mesures qui sont trop chargés de noms, & trop compliqués & difficiles à retenir ; mais surtout, les doses usitées, qui ne rapportent la plûpart la quantité des drogues qu'imparfaitement, & qu'on substituat une meilleure façon de s'exprimer à la place. C'est ce qu'opéreront sans contredit les régles que nous avons prescrites dans cet article, qui sont, qu'on désignera à la suite tous les poids, mesures & doses en médecine, au poids, à la balance, & à la bouteille, ou à leurs fractions. Nous croyons qu'il est à propos que nous entrions dans le détail de quelques abus touchant les doses, lesquels, on sera sans doute bien aise de connoître.

Il est certain qu'un *fasticule* d'herbes, ou ce que le bras plié en rond peut contenir, peut-être plus ou moins fort ; ainsi, si le bras de la personne est plus long, comme cela arrive souvent, le fascicule peut contenir le double d'une autre personne, dont le bras est plus court. Le fascicule d'un enfant est moins grand que celui d'un adulte. Celui d'un homme est souvent plus grand que celui d'une femme ou d'une fille. Qu'un quelqu'un serre avec le bras un fascicule, par exemple d'herbes, il est avéré qu'une pareille dose peut-être deux & trois fois plus forte & plus pesante qu'un fascicule d'herbes qu'on ne serre pas. La désignation des drogues, herbes ou médicamens par fascicules, n'est donc rien moins qu'une régle invariable. Ce que nous proposons par cet article, de faire à la place, c'est de désigner par exemple, la quantité d'herbes qu'on prescrit, *par le poids & la balance* ; c'est le moyen de ne plus se méprendre en la moindre manière. Rien

H 2

ne fera fans doute plus facile. En effet: il ne s'agira en médécine, que d'évaluer le fafcicule moyen de telles herbes ou de telles drogues au poids; c'eft-à-dire au ponde, ou à fes nombres, multiplications ou fractions, & de prefcrire enfuite aux médécins, aux apoticaires, & aux autres perfonnes qui feront dans le cas d'en faire ufage, que l'évaluation du fafcicule moyen de telles herbes ou drogues, eft de tel nombre de pondes & de fes fractions, comme par exemple de 5 pondes & $\frac{3}{4}$ de pondes; plus ou moins; autant de fois qu'il y auroit donc 5 pondes & $\frac{3}{4}$ d'herbes ou de drogues de telle efpèce, autant de fois, il feroit cenfé qu'il y a de fafcicules moyens. Il eft à remarquer, qu'il faudroit auffi diftinguer l'évaluation du fafcicule d'herbes fraiches ou d'herbes feches de telle efpèce, à raifon defquelles on conçoit qu'il y a de grandes différences.

Ce que nous avons dit du fafcicule doit s'appliquer *à la poignée*, qui peut-être plus ou moins forte fuivant la longueur des doigts de la perfonne, fuivant fon âge, fon fexe, & la force avec laquelle elle empoigne; la poignée moyenne de toutes fortes d'herbes & de drogues fraiches ou feches, feroit également évaluée en médécine, au ponde ou à fes fractions, multiplications & divifions. C'eft le feul moyen dans la prefcription de pareille dofe, de ne plus fe méprendre en la moindre manière, ni d'en éprouver de mauvais effets.

Il en eft demême de la *pincée*, qui peut fouvent être le triple ou le quadruple moindre. En difant par exemple, la dixième, la vingtième, la trentième, la quarantième, la cinquantième, la centième, la deuxcentième, la troiscentième partie du ponde de telle drogue ou médicament, plus ou moins, cela ne vaudroit-il pas beaucoup mieux? que de dire une pincée; tout le monde en

conviendra certainement ; toute la différence qu'il y
aura de la nouvelle méthode d'avec la précédente,
ce fera que, fur le vû de l'ordonnance du mé-
décin, l'apoticaire fera obligé de mettre & de
pefer la poudre ou la drogue fur fa petite balance ;
au lieu qu'il la prenoit auparavant par pincée.
Cette première opération ne lui coûtera guères davantage de peines, que lui en coûtoit la dernière. La livre de médécine, l'once le dragme,
le fcrupule, l'obole, le grain, la prime, la pite,
le droit, le flanc, & tous les autres poids & mefures ufités jufqu'aujourd'hui, & dont la valleur
forme néceffairement une particule quelconque du
nouveau ponde, feroient évalués de même ; ainfi, on
défignéroit pour l'évaluation des unes& des autres
livres & fractions de livres la quantième partie qu'elles font du ponde ; comme par exemple, la dixième,
la vingtième, la vingtcinquième, la cinquantième, la
centième, la millième, la dixmillième, la vingtmillième, la trente, quarante, cinquante millième
partie du ponde, & au-delà. En effet : qui eft
ce qui ne conviendra pas, qu'il eft infiniment
plus facile & plus naturel de dire, la cinquantième, la centième, la millième, le dixmillième,
la vingt, trente, quarante, cinquante millième
partie du ponde, que tous ces noms ? Nous
ofons penfer, que cela ne pourra que paroitre à
tout le monde fort fimple & fort clair.

La taffe, qui eft évaluée en médécine a environ fix onces de décoction ou de potion, feroit
auffi défignée au ponde, ou bien fi l'on veut,
à la bouteille, ou à fes nombres, fractions &
multiplications. Rien n'eft fans doute plus in-
conféquent, que de défigner une dofe quelconque de liquide, par le mot *taffe* ; puifqu'il eft
connu, qu'il y a les unes qui font bien petites,
& les autres bien grandes ; c'eft pourquoi il a
fallu pourtant, en médécine, défigner la valleur
d'une taffe, par la quantité d'onces ou environ ;

si donc, on ne désignoit plus la tasse de tel liquide ou médicament que ce puisse être, que
par l'évaluation juste du ponde ou de ses parties,
il n'est pas douteux que cette désignation ne seroit beaucoup plus juste qu'auparavant ; avec
d'autant plus de raison, qu'il y a beaucoup de
médicaments, & aussi, de matières de décoction
ou de potion, qui sont plus pesantes les unes
que les autres ; parconséquent, en désignant le
poids juste de telle matière de décoction, de potion, de médicamens ou de liqueurs, au lieu de
la tasse, cela seroit sans contredit beaucoup
mieux.

Si on vouloit désigner la tasse, par une fraction quelconque de la bouteille, comme par exemple, par trois quarts, deux tiers de bouteille,
la moitié d'une bouteille ; un tiers, un quart de
bouteille, ou autrement ; ce seroit à peu - près la
même chose ; d'autant que la pesanteur spécifique
de tous les médicaments & liquides qu'on prescrit, étant connus en médécine, soit qu'on désigneroit la tasse par une fraction du ponde, ou
par une fraction de la nouvelle bouteille, on
preferiroit toujours des deux manières la quantité juste de ces mêmes liquides, qu'on veut faire
prendre au malade.

Ce que nous venons de dire de la tasse, doit
s'appliquer en toutes choses *au petit verre*, qu'on
a évalué en médécine a environ une once de
sirop, & qui seroit évalué suivant la fraction ou
division du nouveau poids ou de la nouvelle bouteille, auxquels il répond.

Il est certain, qu'en médécine, en prescrivant
une ou plusieurs gouttes de tel liquide, cette
régle mise en pratique, ne seroit pas tout-à-fait
défectueuse comme les autres. Nous pensons
que, s'il s'agissoit de ne prescrire qu'une ou deux
simples gouttes de quelque liquide, comme de
sirop, de mercure ou de drogue dans un médicament, il ne seroit pas nécessaire de récourir au

poids; néanmoins, il en seroit différemment, s'il s'agissoit de plusieurs gouttes; d'autant que celles qui sont coulantes, sont souvent d'une capacité fort différente que celles qu'on prend une à une. Au surplus, nous ne pouvons que nous en remettre à cet égard à la prudence & aux lumières *des illustres facultés de médécine*, qui pourront décider, s'il est plus convénable de peser à l'avenir, *même les gouttes de médicaments* qu'on prescrit, que de ne les pas peser.

On comprend de soi-même, que la dose usitée en médécine, *de la grosseur d'une noix muscade ou d'une noisette*, qui est aussi défectueuse que les autres, pourra être facilement réduite à une fraction quelconque du ponde, par laquelle cela s'entendroit beaucoup mieux.

Il en est demême de l'expression ci-après, savoir: *de la poudre autant qu'il en peut tenir sur le manche d'une cueillere.* La défectuosité de cette régle n'est pas moins grande que les autres; ainsi, un manche de cueillere est souvent plus ou moins long, ou plus ou moins large, ce qui fait qu'il contient plus de poudre; si la poudre est raze, il y en aura beaucoup moins que si elle est comble. Il en est demême de l'expression: *de la poudre autant qu'il en peut tenir sur la pointe d'un couteau.* Cette pointe est souvent plus ou moins large; par une pareille expression, on peut souvent prendre quatre à cinq fois plus de poudre, ou quatre à cinq fois moins. Au contraire, en désignant toutes les poudres par le poids, c'est-à-dire par la dixième, la centième, la deux, trois, quatre, cinq, six, sept, huit, neufcentième partie du ponde, par la millième partie du ponde, & audessous, on sauroit bien mieux la quantité de poudre qu'il faut, que par toutes ces expressions.

Il y a encore des autres poids, mesures & doses usitées en médécine, que nous avons omis; il ne seroit sans doute pas peu avantageux de

leur faire fubir le même fort de ceux que nous
avons détaillé, par les mêmes raifons, ou par des
femblables; parconféquent, on changeroit totale-
ment les formules de médécine à cet égard, auxquelles on fubftitueroit les nouvelles à la place.

C'eft donc avec raifon, que nous avons établi
les défenfes portées en cet article; à ce moyen,
tous les poids, mefures & dofes ufitées en médécine n'auroient plus d'inconvéniens dans leurs
expreffions; en même tems, ils feroient égalifés
dans tous les pays. Nous venons aux mefures
rondes ou de continence pour les chofes feches.

ARTICLE. XIII.

„En conféquence de la fuppreffion portée en
„ l'article premier de toutes les mefures rondes
„ ou de continence pour les chofes feches, ex-
„ preffes inhibitions & défenfes feroient faites
„ par chaque fouverain & république, à toutes
„ perfonnes de quelque qualité & condition qu'el-
„ les fuffent, fous la même peine d'amande, de
„ plus fe fervir dans toute l'étendue de leurs
„ états, d'aucune mefure ronde, quarrée, ou
„ autre mefure de continence que ce puiffe être,
„ pour les chofes feches; ni de plus livrer les
„ grains, comme le froment, l'avoine, l'orge, le
„ feigle, les lentilles, les pois, les fèves, les
„ navettes & les denrées de toutes les efpèces,
„ avec aucune des mefures ci-devant ufitées; ni
„ de les compter par litrons, boiffeaux, minots,
„ feptiers, mines, muids, quarterons, bichets,
„ vifpel, fcheffel, fiertel, metzen, laft, veys,
„ quarter, réfeaux, combes, ftrickes, bushels,
„ pecks, gallons, pottles, quartes, muldes,
„ fcheppels, vierdevats, kops, fchefford, facs,
„ tonnes, halfter, chepebs, alquiers, maldres,
„ anagros, muldes, razières, fanegues, émines,
„ ftaros, ni par toutes les autres mefures des
„ matières feches quelconques, fous quelque titre
„ & dénomination que ce foit; mais il leur feroit

» enjoint, de ne plus se servir, afin de savoir la
» valleur & la continence de toutes lesdites den-
» rées & choses seches quelconques, qui *du poids*
» *& de la balance.;* à l'effet de quoi ; toutes
» ces mesures rondes ou de continence pour les
» choses seches, qui se livroient ci-devant dans
» des mesures qui y étoient appropriées, ne se
» compteroient plus que par le nombre de pon-
» des qu'ils pesent, ainsi, & de la même maniè-
» re en toutes choses, qu'il a été dit pour les
» poids, à raison de quoi, on suivroit les mê-
» mes régles pour les grains, denrées, & autres
» marchandises seches, que celles qui ont été
» établies ci-devant en l'article onze pour les
» métaux & pour les autres corps solides, tant
» à l'égard des nombres & fractions, que pour
» les multiplications, divisions & leurs accessoires.

Un abus qui fait l'objet des réclamations jour-
nalières des citoyens de toutes les classes, qui
ne sauroit être dépeint sous des couleurs assez
vives, & qui mérite bien l'attention générale, c'est
celui qui existe dans différens pays ; pour la mesure des choses seches, entr'autres de celles dont
nous venons de faite mention. Nous n'en dé-
voilerons qu'une foible partie, il seroit impossible
de les rapporter tous.

Pour livrer les grains, on se sert très-commu-
nement de bichets, de quarterons, de litrons,
& d'autres mesures étalonnées rondes, quarrées,
héxagones, & octogones ; ces mesures sont la
plûpart défectueuses ; souvent même elles ne sont
pas étalonnées.

Dans des endroits, on comble le bichet pour
l'avoine, l'orge, le seigle, les navettes & d'autres grains, & on le racle pour le froment ; dans des
autres, on le comble ou on le racle indistinctement
pour toutes les espèces de denrées ; dans des lieux,
l'usage à prévalu de serrer les grains avec les
deux mains une ou deux fois dans le bichet ;
ailleurs, cela est expressément défendu.

Ces combles mêmes font une autre efpèce de défordre; qu'on faffe le comble fur un des côtés, & non parfaitement au centre, il eft fûr, qu'il s'y trouve moins de grains; il y a des manières de le faire au centre plus gros ou plus haut. Dans des endroits, pour mieux faire enfoncer les grains & boucher les interftices, on jette les grains avec force dans le bichet, ou on l'élance contre un tas de grains, ou bien, on frappe du pied. Qu'on s'y prenne de toutes ces façons, il eft fûr que, foit l'acheteur foit le vendeur perdent à leur compte.

Mille vols enfin fe commettent dans la manière qui fe pratique de nos jours de mefurer les grains, lefquels font autorifés par l'ufage des pays, & qu'il feroit trop long de rapporter, au point que dans des endroits ou on met la mefure comble, il eft très-fréquent de voir, que fur dix à douze boiffeaux ou feptiers de froment, & furtout d'orge ou d'avoine, il en manque un boiffeau ou un feptier entier, & pour les autres mefures à proportion.

Il eft vrai, qu'il y a de certains états & villes, où, par l'effet des réglemens qui ont été faits touchant la mefure des grains, ces défordres font moindres, mais il eft avéré que dans ces mêmes pays ou villes, il en fubfifte encore un affez grand nombre.

Un autre abus qui réfulte de la mefure du bled & des autres grains au bichet, au boiffeau, au feptier, au muid, & aux autres mefures de continence pour les chofes feches, confifte en ce que deux ou plufieurs fortes de grains demême efpèce, qui y ont été mefurées fuivant les régles établies & fans tromperie, donnent le plus fouvent aux acheteurs des produits fort différens; ainfi, un feptier de bled de première qualité, pefe ordinairement 240 livres du poids actuel; mais un feptier de bled de deuxième & troifième qualités ne pefe fouvent que 230 à 220 livres, ou moins, malgré que la livraifon en ait été très-régulièrement faite dans un même bichet de mesure. Si le bled de première qualité est sec, & que celui de deuxième & troisième qualité le soit moins, alors, chaque grain du premier tiendra moins de volume; parconséquent, la mesure contiendra plus de grains, qui produiront plus de farine & plus de pain. Si cette farine est plus belle, elle prendra plus d'eau, & la pâte levera mieux. Delà il arrive souvent, que la différence du produit du bled de première, contre celui de deuxième & troisième qualités, est de plus de cent livres de pain par septier. Qu'on juge parlà, combien les mesures de continence sont vicieuses, par leur constitution même, & quel tord il en résulte souvent pour tous les ordres des citoyens!

C'est pour extirper radicalement ces déplorables abus, si préjudiciables aux honnêtes gens, qui sont pour l'ordinaire les personnes les plus modérées & les plus facilement trompées, & si utiles aux coquins, que nous avons établi les défenses portées en cet article, de ne plus livrer les grains & denrées qu'au poids & à la balance moderne, & de ne plus les compter que par pondes.

On s'abstiendroit donc, de nommer à l'avenir un, deux, trois, quatre, cinq, six, sept, huit, neuf litrons, pouces - cubes, bichets, quarterons; mais *on diroit* un, deux, trois, quatre, cinq, six, sept, huit, neuf pondes de froment, d'avoine, d'orge ou d'autres grains.

Il en seroit demême des fractions & des divisions du ponde, lesquelles auroient lieu comme il a été dit ci-devant, & particuliérement des multiplications.

Ainsi, pour ces mêmes multiplications, on ne diroit plus un quintal, un boisseau, un minot, une mine, un septier, un maldre, un quarteron, un bichet, un vispel, un ou plusieurs scheffel, fiertel, metzen, last, veys, quarters, combes, ſtrickes, buſhel, peck, gallons, pottles, quartes, muldes, ſcheppels, vierdevats, kops, ſcheffords, ſacs, tonnes, halſter, chepebs, alquiers, maldres, anagros, muldes, razières, faneguer, emines, ſtaro, ni d'autres meſures pareilles; mais on diroit cent pondes, deux, trois, quatre, cinq cens pondes, mille, dix mille, cent mille pondes; millions, dix millions, cent millions de pondes; billions, trillons, quatrillons, quintillons, ſextillons, ſeptillons, octillons, neuftillons de pondes peſants de froment, d'orge, d'avoine ou d'autres grains, & ainſi du reſte. Il ne faudroit pas pouſſer les billions & les trillons de pondes bien loin pour avoir la quantité juſte de quelque grand nombre de grains que ce puiſſe être.

Rien n'empêcheroit certainement de peſer le froment & tous les grains, comme cela ſe pratique pour d'autres matières; l'uſage a même déja prévalu, de ne plus les livrer pour le compte du Roi de France, & des autres ſouvérains, ainſi que pour celui des grands entrepreneurs, qu'au poids & à la balance moderne; pourquoi donc, ne voudroit on pas étendre cet avantage aux particuliers, dès qu'ils y ont un intérêt égal?

Nous le diſons, & nous ne craignons pas de le prédire avec aſſurance; tôt ou tard, il faudra ſe déterminer dans tous les pays, à peſer & à ſoumettre toutes les choſes ſeches au poids & à la balance moderne; parceque la pratique des meſures uſitées eſt ſujette à trop d'erreurs & d'inconvéniens.

Si on a beſoin de meſures pour mettre les grains en ſacs, on pourra ſe ſervir ſi l'on veut de bichets, mais qui ne ſeront pas étalonnés. Ces bichets devront être à notre avis plutôt ronds, que quarrés, triangulaires, hexagones, ou octogones, parcequ'ils ſeront plus maniables & plus parfaits; on pourra les proportionner avec avantage au poids de dix, vingt, trente, quarante ou cinquante pondes de grains, ou à peu-

près , qui formeroient la dixième partie, la cinquième ou la moitié du cent complet , ou d'autres fractions du cent ou du mille.

Les facs de froment, d'avoine, d'orge ou d'autres grains , pourront être faits de manière qu'ils
contiennent deux cens pondes ; cinq formeront
le mille ; & afin que le poids foit jufte , on auroit foin de pefer à part les facs & les autres
chofes qui fervent à renfermer les denrées.

Voilà ce que nous avions à remarquer concernant la livraifon des grains , graines & autres
denrées pareilles ; nous venons à d'autres matières feches, qui ont beaucoup de rélation avec
ces premières, & qui étant toutes livrées au poids
& à la balance moderne , ne feroient pas fans
doute éviter moins d'inconvéniens & de tromperies , qui ont actuellement lieu dans cette partie.
Les voici.

ARTICLE XIV.

„Les défenfes portées en l'article précédent,
„de ne plus livrer les grains & denrées *qu'au*
„*poids & à la balance moderne* , s'étendroient
„aufli à toutes les matières feches que ce puiffe
„être, telles que le bois, les fagots, la paille ,
„le foin , la litière, le fable, le fel, les char-
„bons de terre & de bois , la chaux , le plâtre,
„les pierres ; à tous les fruits, légumes & den-
„rées que ce puiffe être, fans exception, comme
„les poires, les pommes , les choux , les choux-
„fleurs, la falade, les navés , les raves, les ca-
„rottes , les oignons, les pommes de terre, les
„fraifes, les grofeilles, les prunes, les quetches ,
„les pêches, les oranges, les melons, les raifins,
„le fromage, les chataignes, les noix, les noifettes,
„les œufs, & généralement à tous les fruits, den-
„rées & marchandifes pareilles; en conféquence,
„toutes ces matières ne fe livreroient plus com-
„me ci-devant, à la corde, à la membrure, à
„la chaine, à la voiture, au muid, au millier,

» au cent, au demi cent, au quarteron, à la
» douzaine, à la botte, au panier, à la hotte,
» à la petite ou grande mesure ronde, au septier,
» à la mine, au minot, au boisseau & aux au-
» tres mesures actuellement usitées, mais le tout
» se compteroit à l'avenir par pondes; dix pon-
» des, cent pondes; mille, dix mille, cent mille
» pondes; un million, dix millions, cent mil-
» lions de pondes; billions, trillons, quatrillons,
» quintillons, sextillons, septillons, octillons,
» neuftillons de pondes & audessus; & par la
» fraction ou division du dernier; à l'effet de
» tout quoi, il seroit construit des balances mo-
» dernes, düement étalonnées, qui y seroient
» appropriées, & dont chaque marchand se mu-
» niroit suivant ses besoins.

L'objet dont il vient d'être parlé dans cet article n'est pas moins considérable & important que
les précédents; les abus qui ont actuellement
lieu à cet égard ne sont pas moins grands. Il est
à propos d'en parler.

Si l'usage des mesures pour les choses seches
est préjudiciable, c'est surtout dans la livraison
de toutes les matières dont il vient d'être fait
mention; ainsi, pour ce qui concerne le bois,
il est sensible que s'il s'y trouve seulement quelques
buches noueuses, ou si des marchands qui veulent tromper, plaçent ces buches un peu de travers,
cela produit des *déficits* considérables. Il en est
demême des pierres, puisqu'on peut les arranger
de façon, que sur une corde il en manque souvent
le quart, ou plus. Le foin, la paille, la litiere
se livrants souvent à la voiture ou à la charette,
combien ne s'y commet-il pas d'erreurs?

Toutes ces matières seroient aussi, suivant nous,
soumises au poids & à la balance moderne; c'est
le seul moyen de couper les cours à tant de
brigandages qui se font tous les jours, & à tant
de pertes qui en résultent. Quant à la chaux,
au sable, aux charbons de terre & de bois, au

plâtre & aux autres matières femblables, elles fe peferoient comme les grains & comme tous les métaux.

Au lieu donc de dire par exemple, pour le bois & les pierres, un quart de corde; une corde; on diroit deux cens cinquante pondes; cinq cens pondes; mille pondes pefants de bois, de pierres; (le poids de mille pondes étant fuppofé répondre à la corde ordinaire;) au lieu de dire dix cordes; cent cordes, mille, dix mille, cent mille cordes; un million, dix millions, cent millions de cordes; un billion de cordes; on diroit à l'avenir dix mille pondes; cent mille pondes; un million, dix millions, cent millions de pondes; un billion, dix billions, cent billions de pondes; trillons, quatrillons, quintillons de pondes pefants & au deſſus, de bois, de pierres &c.

Il en eſt demême du foin, de la paille, de la litiere, & des chofes femblables; ainſi, au lieu de dire une voiture; dix, cent, mille, dix mille, cent mille voitures; on diroit, (le poids de mille pondes étant fuppofé répondre à la voiture) mille pondes; dix mille pondes; un million, dix millions, cent millions, billions, trillons, quatrillons, quintillons de pondes pefants de foin, de paille, de litiere, & d'autres chofes, & ainſi à l'infini. Il ne faudroit pas multiplier beaucoup les trillons, les quatrillons & les quintillons de pondes, pour avoir la valleur pefante de tout le bois & les fagots, de tout le foin, la paille, la litiere, le fable, le fel, les charbons de terre & de bois, de la chaux, du plâtre & de toutes les pierres du globe terreſtre.

On n'en excepteroit pas les fruits, les legumes & toutes les autres marchandifes pareilles que ce puiſſe être, telles que les poires, les pommes, les choux, les choux fleurs, la falade, les navés, les raves, les carottes, les oignons, les pommes de terre, les grofeilles, les prunes, les quetches, les pêches, les oranges, les melons, les raifins, le fromage, les noix, les noifettes, les œufs & les autres denrées femblables. En effet : il eft certain, qu'en les vendant au cent, au demi cent, au quarteron, à la douzaine, à la botte, au panier, à la hotte, à la petite & grande mefure ronde, ou autrement, il fe commet encore à cet égard beaucoup d'erreurs, à caufe de la différence du volume plus ou moins gros de chaque efpèce. Ainfi, quoiqu'on vende ordinairement, les pommes, les poires, les prunes, les quetches, les pêches, les oranges, les melons, les raifins, les noix, les œufs, au panier, à la hotte, au millier, au cent, au quarteron, à la douzaine, ou à tel nombre pour deux fols, pour quatre, pour fix, pour dix, pour douze, pour vingt, pour 24 fols, pour 3 livres, pour 6 livres ; l'acheteur éprouve fouvent bien des pertes & des tromperies. Quelques unes de ces pièces de marchandifes font plus groffes, d'autres plus petites. Si après avoir fait prix, le vendeur ou la vendreffe n'en donnent que des petites pièces & peu de groffes, il eft certain qu'il y a fouvent beaucoup de mécompte, même après avoir fait prix au millier de pièces, au cent, au quarteron, à la douzaine ou autrement. Cela occafionne affez fouvent des difputes & des querelles entre les vendeurs, vendreffes, acheteurs & achetereffes. Ainfi entr'autres, il y a des grappes de raifins qui font fouvent fix fois plus groffes les unes que les autres. Si on les achete à la douzaine ou au quarteron, il arrive fouvent que tel acheteur ou achetereffe en ont quatre à cinq fois moins en valleur, que des autres acheteurs ou achetereffes qui en ont fait l'acquifition chez le même marchand à la douzaine, ou au quarteron pour le même prix, mais qui ont eu l'attention de choifir les plus gros, non fans quelque murmure ou difpute de part & d'autre. Les pommes, les poires, les prunes, les quetches, les pêches, les oranges

les

les melons, les noisettes, les noix, dont il y en a de plus grosses les unes que les autres, seroient sans contredit autant susceptibles d'être pesés au ponde, que le sont actuellement les cerises & d'autres fruits; la qualité & la grosseur de ces fruits & denrées pourront régler le prix qu'on en offrira par ponde, ainsi que cela se pratique pour ces mêmes cerises.

Nous ne faisons pas même de distinction des œufs, puisqu'il y en a souvent de plus gros & de plus petits, qui contenant plus ou moins de matière, sont parconséquent aussi dans le cas du mécompte. Or, en les achetant au ponde, il n'y en auroit plus aucun. Si en achetant par exemple, six pondes d'oeufs, la totalité pesoit plus ou moins de six pondes sur la balance, il ne s'agiroit que d'en ôter les plus gros œufs, auxquels on substitueroit de plus petits, ou d'en ôter de plus petits pour en mettre de plus gros, jusqu'à ce que le dernier ponde soit juste, & que la balance soit en équilibre. Cela se pratique déja actuellement pour les chandelles, la bougie, les cierges; rien n'empêcheroit donc d'en user demême pour les œufs, puisque ce sont les mêmes raisons de part & d'autre. S'il y avoit des fruits ou légumes, comme par exemple, des groseilles, des pêches, des grappes de raisins, pour lesquels il seroit à craindre qu'on les écrase en les pesant, il ne s'agira de la part des marchands revendeurs ou revendeuses, que de prendre les précautions nécessaires, & d'y donner leur attention; ce qui, à notre avis, leur sera assez facile, comme par exemple, qu'en les pesant, ils n'en mettent pas trop les uns sur les autres.

Nous avons aussi compris dans les legumes, fruits, & denrées dont il s'agit, les choux, les choux-fleurs & la salade, qui se vendroient également au ponde, par les mêmes raisons que celles que nous avons détaillé. Nous remarquons que, si ces légumes ne sont pas suffisament

I

nettoyés de leurs feuilles superflues, il est naturel de penser qu'ils ne trouveront pas non plus
à se vendre aussi cher; il en est de même des
navés, des raves, des carottes, & des topinam-
bourgs dits pommes de terre, & d'autres denrées
pareilles, ainsi que des groseilles & des noisettes,
qui ne se vendroient plus dans aucune mesure
quelconque, mais *au ponde*. Il en pourroit être
différemment, si on ne vendoit des denrées avant
dites, comme par exemple des têtes de choux,
des melons, des oranges, qu'une pièce seulement; alors, on pourroit sans doute les vendre
à la pièce, c'est-à-dire, telle qu'elle se contient.
Le fromage passé & non passé se vendroit au
ponde comme le beurre; quant à la crême, au
lait, & aux autres liquides pareils, ils seroient
rangés dans la classe des liquides, & se vendroient à la bouteille, ou à ses nombres, multiplications, fractions & divisions.

Voilà ce que nous avions à observer touchant
la manière de livrer & de vendre à l'avenir les
fruits, legumes & denrées ci-dessus, laquelle nous
pensons être beaucoup meilleure que celle qui est
usitée actuellement. Nous osons croire que tous
les gens raisonnables, & qui ne se laissent pas
diriger par les préstiges des vains préjugés, n'auront pas de peine de se ranger à notre sentiment,
& de penser à cet égard comme nous.

Mais un objet particulier, c'est sans contredit
celui des fagots. Il est avéré que, quoiqu'ils se
vendent au cent, & au millier de pièces, il ne
se fait pas moins de tromperies dans ce genre
de commerce; or, suivant cet article, il ne se
vendroient non plus, *qu'au poids & à la balance*.

On nous dira peut-être, que les matières grossières, comme entr'autres le bois, les fagots, les
pierres, sont de trop peu de valleur pour meriter
d'être pesés au ponde.

Nous répondrons en deux mots, que l'expérience prouve bien le contraire, quand sur cent, ou mille milliers de fagots, ou sur cent ou mille cordes ou voitures de bois, ou même de pierres, qu'un négociant a acheté, il est souvent trompé du quart, ou seulement d'un demi quart, ou d'une dixième partie. Assurement bien des personnes, surtout un pere de famille, ne peuvent pas considérer de semblables pertes pour peu de chose ; Cent écus, & quelquefois plus de mille, qu'on perd sur des moindres mesures ne sont pas des sommes à méprifer. Avec cela on pourroit souvent se nourrir assez longtems avec sa femme & ses enfans.

Ainsi entr'autres, pour ce qui concerne les fagots, comme étant une chose plus commune, & tous les jours en usage. Supposons que le prix du cent de fagots beaux & bien conditionnés, soit aujourd'hui à 12 livres, bientôt, il sera à 13 livres ou plus ; mettons que le premier prix se soutienne, il n'est que trop ordinaire de voir pratiquer dans ce genre de commerce toutes sortes de tromperies, de subtilités, & de manœuvres très-condamnables. Tantôt on fait les fagots moins minces, en les liant imparfaitement, afin d'en augmenter le nombre ; tantot on ne les compose que de petits branchages, ou de purs feuillages, ou bien de jarrots moins gros, afin d'en diminuer la matière & la juste consistance, ce qui opere qu'ils sont plutôt consommés. Qu'il survienne une pluye, une grêle, une chaleur, une froid, un orage, un brouillard, un vent ou tout autre petit accident, qui paroisse causer le moindre changement dans la saison, & qui puisse servir de moindre pretexte à la difficulté de voiturer, sans parler de la variation du salaire des ouvriers, de leur habileté à faire un plus grand ou un plus petit nombre de fagots par jour, de leur concurrence ou de leur rareté & des autres objets accessoires, voilà que le prix du cent de fagots, plutôt mauvais que bons, augmente souvent d'un jour ou d'une femaine à l'autre., du quart ou du tiers. Tel qui a payé aujourd'hui 12 livres pour de bons fagots, en paye demain pour des bien moindres, 15 à 16 livres, ou plus.

Il en eft à peu-près de même du bois, & de la plûpart des autres matières que nous avons détaillé. Suppofons qu'un citoyen, comme par exemple un artifan, un ouvrier, un homme qui travaille à la journée, ou toute autre perfonne qui par l'état de fa fortune eft conftituée dans la claffe de l'indigence, (c'eft le plus grand nombre des citoyens qui font dans ce cas, c'eft-à-dire *plus des trois quarts & demie*) veuille acheter un cent de fagots ou une corde de bois pour l'ufage journalier de fon ménage, & pour fe garantir des rigueurs du froid, fouvent il ne gagne que dix à douze fols par jour, ou moins encore, avec quoi il eft obligé de fe nourrir, de fe loger & de s'entretenir d'habillemens, lui, fa femme & un effain d'enfans, & en outre de payer les impofitions. S'il n'eft trompé fur la jufte confiftance, comme cela arrive fouvent, que de la valleur d'un ou deux écus, voilà pour lui une perte & un dommage réel, équivalants à plufieurs journées de fon travail.

Il eft à remarquer, que le pauvre eft toujours plutôt trompé que le riche, par la raifon qu'on craint ce dernier, mais on prend ordinairement moins de précautions vis-à-vis du premier.

Qu'au lieu de vendre les fagots au cent ou au millier de pièces, ainfi que le bois & les pierres à la corde, le foin, la paille, & d'autres matières à la voiture, on établiffe pour régle, qu'ils fe vendront déformais au poids & à la balance, il eft fenfible que tous les inconvéniens mentionnés difparoîtront abfolument, & qu'aucune perfonne pauvre ou riche ne pourra plus être trompée fur la confiftance jufte de ces matières de la valleur d'une obole!

On construiroit donc diverses balances qui soient appropriées aux matières que nous avons détaillé, mais particulièrement des plus grandes pour les matières grossières. Cela ne sera aucunement difficile pour ces dernières, puisqu'on en peut inventer qui contiendront trois, quatre, cinq, dix & vingt mille livres ou pondes pesants de bois, de fagots ou de pierres. On pourra placer & disposer ces balances sur les lieux ou en a ordinairement besoin, comme dans les forêts, dans les carrieres de sable, de pierres, de marbre ou aux environs; ou plûtôt, on pourroit en faire construire une pour chaque village, bourg & ville, ou étant placée dans un lieu apparent, aucun voiturier ne pourroit décharger de bois, de fagots, de pierres & de matières ci-dessus détaillées qu'une autre personne auroit acheté, à moins que la charge n'y ait été auparavant pesée. Nous aurons lieu de parler plus au long de cet objet dans la troisième partie de cet ouvrage. Quand on a vû les balances, les poids & les mesures des doüanes, des usuines, des grands magazins & des ports de mer, on ne peut plus juger la construction de ces balances impossible, puisqu'il y a telles machines qui s'y trouvent, qui soulevent & indiquent dans un moment la quantité de poids beaucoup plus considérables.

Nous dirons encore ici qu'un usage a prévalu dans des pays, comme en Lorraine, que les buches de bois ordinaire sont de quatre pieds de longueur; celles pour les salines & les forges de quatre pieds & demie; & celles des affouages des communautés de six pieds; il nous semble qu'il conviendroit pour la régularité, qu'on ne fasse plus à l'avenir tant de distinctions; on pourroit donc établir que toutes les buches de bois quelconques, auroient quarante demi travers de main de longueur, faisants environ cinq pieds de Roi, & celles des usuines trente demi travers de main faisants environ quatre pieds.

I 3

Ce que nous avons dit des matières ci-deſſus nommées, doit s'appliquer aux autres, comme par exemple au chanvre, au lin ouvré & brut, & à toutes les denrées & marchandiſes généralement quelconques; par ce moyen, on ne ſera plus ſujet à ſe tromper ni à être trompé; & ſi la même marchandiſe peſe ſouvent différemment qu'une autre de même nature, comme par exemple, le bois verd que le bois ſec, le beau froment que le moindre, il eſt ſenſible que ce ſont les qualités qui doivent opérer la différence du prix; & certainement on n'achetera pas ces marchandiſes ſans les voir, ou (pour nous ſervir d'une expreſſion uſitée & plus connue) *dans un ſac.*

Que ſi, pour former par exemple mille pondes peſants de tels grains ou denrées, ou de quelques marchandiſes que ce ſoit, on veut être indemniſé de ce qu'on appelle aujourd'hui des *déficits*, des nonvalleurs ou des défectuoſités, rien ne ſera plus facile, puiſque les marchands n'ont qu'à ſtipuler un, deux, trois, quatre, cinq & dix pour cent, ou plus, dans les marchés qu'ils feront. C'eſt au reſte le prix qu'on donnera qui devra, ce ſemble, le mieux régler ces ſortes de choſes. Nous venons aux meſures creuſes ou de continence pour les matières liquides.

ARTICLE XV.

„L'étalon des meſures creuſes ou de continence pour les matières liquides, ſeroit fixé à la capacité d'un vaſe contenant un ponde juſte d'eau de pluie diſtillée en été à dix degrés audeſſus de zero du thermomètre de Reaumur; cette capacité étant remplie de quelque liquide que ce ſoit, s'appelleroit *la bouteille.*

„ La bouteille ſeroit diviſée par unités, dixaines, centaines juſqu'à mille gouttes; & par les quantités précédentes, & dixaines de mille juſqu'à un million de particules liquides, &

„ au delà, fi cela étoit néceffaire. La bouteille
„ fe nombreroit, fe couperoit en fractions, fe
„ multiplieroit & fe diviferoit par les quantités
„ décimales dans tous les points, comme le de-
„ mi travers de ma'n & le ponde, & on expri-
„ meroit demément tous les acceffoires.

„ En conféquence, expreffes inhibitions & dé-
„ fenfes feroient faites fous la même peine d'a-
„ mande, à toutes perfonnes de quelque qualité
„ & condition qu'elles fuffent d'ufer pour expri-
„ mer les nombres, fractions, multiplications &
„ divifions de la bouteille des dénominations de
„ l'article premier & de toutes les autres, mais
„ il leur feroit enjoint de ne plus fe fervir que
„ de celles ci-après, ou bien d'analogues, fça-
„ voir :

„ *Pour les nombres :* d'une, deux, trois, quatre,
„ cinq, fix, fept, huit, neuf bouteilles ; ou
„ bien, d'une double, d'une triple, d'une qua-
„ druple, d'une quintuple, d'une fextuple, d'une
„ feptuple, d'une octuple & d'une neuftuple,
„ bouteille.

„ *Pour les fractions ;* de trois quarts, de deux
„ tiers de bouteille ; d'une demie bouteille ; d'un
„ tiers, d'un quart de bouteille ; d'une cinquiè-
„ me, d'une fixième, d'une feptième, d'une hui-
„ tième & d'une neufième partie de bouteille.

„ *Pour les multiplications,* de dix bouteilles ;
„ de cent bouteilles ; de mille, de dixmille, de
„ cent mille bouteilles ; d'un million, de dix-
„ millions, de cent millions de bouteilles ; de
„ billions, de trillons, de quatrillons, de quin-
„ tillons, de fextillons, de feptillons, d'octillons,
„ de neuftillons, de dixtillons de bouteilles, &
„ ainfi à l'infini.

„ *Et pour les divifions ;* d'une dixième partie
„ de bouteille ; d'une centième, & d'une mil-
„ lième qui équivaudroit à une goutte d'eau ;
„ d'une cent millième, jufqu'à une millionième

I 4

» partie de bouteille, & au delà, fi cela étoit
» néceffaire.

» Pareilles défenfes feroient faites, fous la mê-
» me peine d'amande, d'exprimer les nombres
» intermédiaires des quantités décimales de la
» bouteille, autrement que fuivant la nature,
» comme par exemple, *pour les multiplications*,
» par onze, douze, treize, quatorze, quinze
» bouteilles ; cinquante fix, cinquante fept, cin-
» quante huit, cinquante neuf bouteilles ; deux,
» trois, quatre, cinq cens bouteilles, fix, fept,
» huit, neuf mille bouteilles ; deux, trois, qua-
» tre, cinq cens mille bouteilles ; fix, fept, huit,
» neuf millions, billions, trillons, quatrillons,
» quintillons, fextillons, feptillons, octillons,
» neuftillons, dixtillons de bouteilles, & ainfi à
» l'infini.

» *Et pour les divifions* ; par onzième, douzième,
» treizième, quatorzième, quinzième partie de
» bouteille ; cinquante fixième, cinquante feptiè-
» me, cinquante huitième, cinquante neufième
» partie de bouteille, deux, trois, quatre, cinq
» centième partie de bouteille ; fix, fept, huit,
» neuf millième partie de bouteille ; deux, trois,
» quatre, cinq, fix, fept, huit, neuf cens mil-
» lième partie de bouteille, jufqu'à une millio-
» nième partie de bouteille, & même au deffous,
» fi cela étoit néceffaire.

» Les défenfes ci-deffus s'étendroient *à la frac-*
» *tion de la dernière bouteille*, qui ne s'expri-
» meroit plus que comme il a été dit pour les
» fractions.

» *Et aux nombres des quantités décimales de*
» *la bouteille divifée*, qui ne s'exprimeroient plus
» que par un, deux, trois, quatre, cinq, fix,
» fept, huit, neuf dixièmes, centièmes, millè-
» mes, dix millièmes, cent millièmes, jufqu'à
» une millionième partie de la bouteille ; & par
» dixmillionième, cent millionième jufqu'à une

" billionième partie de la bouteille, & au delà,
" si cela étoit nécessaire.

" "Quant aux bâtons de jauges, ils seroient
" rénouvellés & marqués proportionnellement à
" la mesure juste des nouveaux étalons des li-
" quides, dont il vient d'être fait mention.

" Après avoir parlé du nouvel étalon que nous
proposons pour les mesures longues, & pour les
poids, il s'agit de venir à celui que nous proposons pour les matières liquides. C'est un objet qui n'est pas d'une importance moins grande
que le premier. Tout l'énoncé de nôtre réglement à cet égard paroitra sans doute un peu mono-
tone, avec celui des mesures longues & des poids ;
mais la nécessité de s'y prendre de cette façon
doit paroitre sensible. Comme on ne sauroit se
rendre assez intelligible dans une matière de cette
nature, il étoit important de la traiter avec la
plus grande simplicité, nous allons jetter un
coup d'œil d'observations sur tout ce que nous
venons de dire.

Nous disons, 1º, que l'étalon des mesures
creuses ou de continence pour les matières liquides, seroit fixé à la capacité d'un vase contenant un ponde juste d'eau de pluie distillée en
été, à dix degrés au dessus de zero, du thermomètre de Reaumur, le poids du vase déduit ;
& que cette capacité étant remplie s'appelleroit
à l'avenir *la bouteille*.

En effet: l'étalon des mesures creuses des liquides contenant justement un ponde d'eau, aura
une analogie & une proportion exacte avec l'é-
talon des poids, ainsi qu'avec celui des longueurs.
Parlà, on évitera aux physiciens, ainsi qu'aux
personnes de tout état, beaucoup de perte de
tems, & des opérations de calculs souvent très
pénibles, lorsqu'elles voudront savoir le rapport
juste des mesures longues, ainsi que des poids,
aux mesures des continences pour les matières
liquides.

Nous avons dit, *d'eau de pluye*, parceque cette eau eſt plus communément de la même peſanteur dans tous les pays, que par exemple l'eau de riviere, l'eau de citerne, l'eau de fontaine, l'eau minérale, l'eau de roche, l'eau de la mer & toutes les autres.

Il y a des pays, où on a pu fixer par ordonnance, le pied cube d'eau temperée à 62 livres, ſauf le reſpect que nous devons à toutes loix emaneés de l'authorité ſuprême, nous ne pouvons ici nous diſſimuler la défectuoſité de cette régle, qui ne pourra qu'être tôt ou-tard dans le cas de varier, & *d'être abrogée.*

Nous avons dit, *diſtillée en été*; la raiſon pour laquelle nous exigeons la diſtillation de l'eau de pluye, eſt, que ſi elle ne l'étoit pas, elle rapporteroit néceſſairement des peſanteurs différentes, ſuivant les pays où elle tomberoit. *En été*, parceque comme toute eau diſtillée *en hiver* peſe quelque choſe davantage qu'en été, c'eſt-à-dire, au moins un ſoixantième de plus; il a été néceſſaire d'en faire la diſtinction, en prenant en même tems, le tems le plus commode.

Nous avons dit *à dix degrés au deſſus de zero du thermomètre de Reaumur*; ce ſera donc là une régle générale, ſuivant laquelle cette diſtillation ſera faite; régle qui eſt connue dans tous les pays, & dont on pourra parfaitement bien ſe ſervir, lorſqu'on voudra déterminer, d'après le ponde, une bouteille ou un nouvel étalon des meſures des liquides.

Nous avons dit, que la bouteille ſeroit fixée à la capacité d'un vaſe contenant un ponde d'eau diſtillée; cela eſt trop naturel pour qu'il ne ſoit pas facile de le concevoir.

Nous diſons 2°, que la bouteille ſeroit diviſée par unités, dixaines, centaines, juſqu'à mille gouttes d'eau; & par les quantités précédentes, dixaines de mille, centaines de mille, juſqu'à un million de particules liquides.

Les observations que nous avons faites sur pareils articles pour la division du demi travers de main, principalement du ponde, doivent s'appliquer à la bouteille de tous les liquides que ce puisse être, qui sera, comme les métaux, un cube de ces mêmes liquides ; voulant éviter les répétitions, nous nous contenterons de nous y rapporter.

On pourroit sans doute pousser la division d'un million de particules liquides au delà, en les faisant plus petites ; mais nous pensons qu'une bouteille seroit raisonnablement divisée jusqu'à un million de particules. Au surplus, si on veut désigner des objets microscopiques nageants dans le liquide, comme par exemple, les animaux les plus petits qu'on voit à l'aide du microscope dans l'eau de poivre, on pourra, si l'on veut, en prenant pour baze une simple particule microscopique, dont nous avons fait mention ci-devant, dire & désigner combien il peut se trouver d'animaux d'eau de poivre nageants dans une particule capillaire ou microscopique de pareille eau, & alors, on pourra s'en former une idée infiniment plus claire & meilleure que toutes celles qu'on a pu s'en faire jusqu'aujourd'hui.

Qu'on veuille savoir le cube de dix particules d'eau ou de liquides quelconques, le produit sera de mille, équivalents à une goutte médiocre & commune d'eau ou de liquide. Un quelqu'un voulant donc connoître combien il y a de gouttes d'eau ou de vin dans une bouteille, ou dans un ponde d'eau, la réponse sera facile, puisqu'il y en aura justement mille.

On pourra, d'après cette connoissance, procéder plus facilement qu'on n'a pu le faire jusqu'aujourd'hui, à l'évaluation des gouttes d'eau qui tombent journellement en pluye, en grêle, en neige, ou autrement, dans une province ou dans une contrée, ainsi que de toutes celles des rivieres, des fleuves, des lacs & des mers du monde entier.

Nous difons 3°, que la bouteille ou le pouce-cube des liquides, fe nombreroit, fe couperoit en fractions, fe multiplieroit & fe diviferoit par les quantités décimales dans tous les points comme le ponde & le demi travers de main, & qu'on exprimeroit de même tous les accefloires.

Rien ne pourroit fans doute être plus utile & plus commode, comme nous l'avons dejà démontré, & comme nous le démontrerons encore.

Nous difons 4°, que défenfes feroient faites en conféquence à toutes perfonnes, d'ufer pour exprimer les nombres, fractions, multiplications & divifions de la bouteille, des dénominations de l'article premier & de toutes les autres, mais qu'en place, on n'uferoit plus que de celles de la bouteille ou du ponde de ces mêmes liquides.

La fuppreffion de cette multitude de noms barbares qu'il y a dans tous les pays pour les mefures liquides, ainfi que pour les mefures longues, feroit fans contredit une des chofes les plus avantageufes qu'on puifle exécuter; mais une difficulté confidérable s'etoit toujours oppofée partout à cette fuppreffion, favoir, celle de la fixation d'un étalon jufte & invariable qui put être fubftitué à la place; cette difficulté étant actuellement applanie, par les moyens que nous donnons, il en réfulteroit néceffairement *le rétabliffement de l'ordre dans cette partie.*

Il paroit qu'il n'y auroit donc rien de plus beau & de plus utile, que de voir que toutes ces dénominations, quelles qu'elles puiffent être, fuffent entiérement abrogées, de manière qu'il n'en foit plus parlé. Cette abrogation s'étendroit nommément aux noms fuivants, favoir, aux roquilles ou poiffons; aux lignes-cubes & aux pouces-cubes des liquides; aux demi feptiers, chopines, bouteilles, pintes, quartes, pots, feptiers, feuillettes, muids, demi queues, tonneaux, milleroles, pichés, mingles, firtels, fteckans, anker, œm, verges, bottes, pipes, robes, azumbres, quarteaux, almudes, cavados, quatas, alquiers, fuder, vœdèr, mas, fertels, trickin, beson, inne, jé, gallon, barrique, firkins, filderkins, hogsheats, anthal, boccales, rubbo, branta, staro, baril, fiascos, stops, tonnes, hottes, veltes, & à toutes les autres dénominations pareilles.

L'abrogation mentionnée s'étendroit aussi, à ce qu'on appelle aujourd'hui vin clair, & vin marc & lie, dont nous ferons mention ci-après ; parceque, dans la vente qu'on feroit du vin, ce feroit sa quantité ou sa nature de vin clair ou de vin marc & lie, de bon vin, de médiocre ou de mauvais, & ainsi des autres liquides, qui en régleroit le prix ; ce qui reviendroit toujours au même. Elle s'étendroit également à la distinction des mesures différentes pour les vinaigres, les eaux de vie, les huiles d'olives, de baleine & de poissons ; & pour la bierre & les autres liquides semblables, qui se mesureroient *par bouteilles,* Comme les autres. En effet : il n'y auroit en cela aucun inconvénient, puisqu'il y a beaucoup de pays, ou, quoiqu'on ne fasse pas de distinction des mesures pour ces sortes de matières liquides, elles ne se mesurent & ne se connoissent pas moins bien que dans les pays où ces distinctions sont établies.

Nous avons donné à l'étalon des mesures liquides le nom de *bouteille*, préférablement à celui de pot, de quarte, de pinte, d'angloise, de chopine, de demi septier, de roquille, de poisson ou d'autres, parceque cette dénomination, qui tire son origine du vase même ou les liquides sont contenus ordinairement, est plus naturelle & plus généralement usitée parmi toutes les nations.

Dans quelqu'endroit qu'on soit de la terre, il sera donc facile de déterminer la mesure de la bouteille, en prenant une ponde juste d'eau de pluye distillée en été à dix dégrés audessus de zero du thermomètre de Reaumur. Il est d'ail-

leurs à remarquer, que les liquides ne font pas
fufceptibles d'être livrés au poids comme les folides, parceque dans le commerce ordinaire il
feroit à craindre qu'on ne les corrompe & qu'on
ne les frélate, de manière, qu'ils pèfent davantage; ainfi, on ne manqueroit pas de maquig-
nons, qui vendroient le ponde par exemple de
vin, de bierre ou d'eau de vie, moins que les
autres perfonnes, mais qui les auroient imprégné
de matières étrangères, fouvent nuifibles, pour
en augmenter le poids.

Nous difons 5º que la bouteille fe nombreroit
par un, deux, trois, quatre, cinq, fix, fept,
huit, neuf bouteilles, ou par une double, une
triple, une quadruple, une quintuple, une fextuple, une feptuple, une octuple & une neuftuple bouteille.

On voit affez combien cette numération feroit
naturelle. Encore que la bouteille feroit affez
médiocre, cela n'empécheroit pas qu'on ne puiffe
s'en fervir avec autant d'avantage qu'une plus
groffe; il ne s'agira, en la nommant, que *d'en
multiplier la quantité*, en difant, une, deux,
trois, quatre, cinq, fix, fept, huit, neuf bouteilles; ou une double, une triple, une quadruple,
une quintuple, une fextuple, une feptuple, une
octuple & une neuftuple bouteille.

Nous aurions pu à la vérité, fixer notre étalon des liquides, à un triple ou à un quadruple
demi travers de main cubique, pour le réduire à
peu-près à la capacité des étalons qui font en
ufage aujourd'hui pour ces mêmes mefures liquides; mais nous avons remarqué, qu'en le met-
tant à un ponde, il fubfiftera mieux dans fa fimplicité & dans fon unité. D'ailleurs, qu'un voyageur par exemple, veuille demander dans une
auberge, une quantité plus grande de vin qu'u-
ne bouteille? il lui eft pour ainfi dire tout auffi
facile de prononcer, une double bouteille de vin,
une triple, une quadruple, une quintuple, une

sextuple, une septuple, une octuple & une neuf-tuple bouteille de vin, que d'en prononcer une seule. Il est certain qu'on ne manquera pas dans l'auberge de doubles ou de triples bouteilles as-sez; ainsi que de moitié de bouteilles, de quart de bouteilles, & d'autres fractions.

Nous difons 6°, que la bouteille se couperoit en fractions, par trois quarts, deux tiers de bou-teilles; une demi bouteille; un tiers; un quart de bouteille; une cinquième, une sixième, une septième, une huitième & une neufième partie de bouteille.

Les raisons que nous avons déduit en faveur des fractions du ponde & du demi travers de main, militent en faveur des fractions de la bou-teille; en effet: qu'est il besoin de dire une chopine? un demi septier, une roquille, un pois-son? un pouce-cube, une ligne-cube d'eau, de vin, de bierre ou d'autres liquides? lorsqu'on peut tout aussi bien dire, & avec beaucoup plus d'avantage, trois quarts; deux tiers de bouteille; une demi bouteille; un tiers, un quart de bou-teille; une cinquième, une sixième, une septiè-me, une huitième & une neufième partie de bouteille; outre que cette dernière dénomination est plus commode, & exclut un bon nombre de noms barbares de fractions d'étalons des liquides, qui ne sont propres qu'à charger la mémoire d'une nomenclature inutile, elle a cet avantage, qu'on peut même y connoitre la quantité de particules ordinaires ou microscopiques que chacune de ces fractions contient, par les régles les plus com-munes de l'arithmétique, ainsi que la quantité de gouttes d'eau qui feront fixées ci-après. Par-conféquent la défignation de toutes les fractions se fera par notre méthode aussi bien pour ainsi dire qu'il est possible, ce qui pourra être d'un usage infini, surtout en physique, en médecine & en chymie, ainsi que dans plusieurs sciences & arts.

Nous difons 7°, que la bouteille fe multiplie-roit par dix bouteilles, cent bouteilles, mille, dix mille, cent mille bouteilles, un million, dix millions, cent millions de bouteilles; billions, trillons, quatrillons, quintillons, fextillons, feptillons de bouteilles, & ainfi à l'infini.

A notre fentiment, c'eft dans cet endroit que fe deploye furtout l'avantage de notre fiftème, & fa fupériorité fur toutes les autres méthodes que ce puiffe être, en effet: voudra-t-on avoir une chopine, une pinte, une quarte, un pot, un feptier, une feuillette, un muid d'eau, de vin, de bierre ou d'autre liquide; on pourra auffi bien dire, dix, vingt, trente, quarante, cin-quante, foixante, quatrevingt, cent bouteilles, deux, trois, quatre, cinq, fix, fept, huit, neuf cent bouteilles; mille, dix mille, cent mille bou-teilles. On en voit clairement les avantages. On pourra pareillement pouffer ces quantités à des mil-lions, à des billions, à des trillons, a des quatrillons, à des quintillons, à des fextillons, à des feptillons de bouteilles d'eau, de vin, de bierre, de vinaigre, d'huile & d'autres liquides, & à quelque quan-tité que ce puiffe être de ces mêmes liquides.

Par ce moyen, non feulement on s'épargnera dans tous les pays une nomenclature fort com-pliquée, difficile & fujette à mille calculs & er-reurs, mais on faura la valleur & la confiftance jufte de toutes les mefures liquides avec la plus grande exactitude à une bouteille près, ou à fes fractions. En multipliant les bouteilles, ainfi que nous l'avons etabli, par des billions, des trillons & audeffus, on pourra auffi facilement connoî-tre la confiftance des groffes mefures, favoir, du muid, de la feuillette, de la demi queue, du tonneau, & de toutes les autres que nous avons détaillé, ainfi que toutes les autres mefures d'eau que ce puiffe être, comme celle des rivieres, des fleuves & des mers avec plus de jufteffe qu'on n'a pu y parvenir jufqu'aujourd'hui, en multipliant

leur

leur longueur par leur largeur & leur profondeur.
Certainement l'eau de toutes les mers du monde
n'excéde peut être pas un sixtillon de bouteilles.

Que si on veut faire des distinctions de la
quantité d'un certain nombre de bouteilles, comme on fait aujourd'hui des distinctions des grosses mesures, en disant un, deux, trois, quatre,
cinq, six, sept, huit, neuf, dix, vingt, cinquante, cent muids d'eau, de vin, de bierre &
d'autres liquides & audessus, on pourra faire ces
distinctions par les quantités décimales des bouteilles, si on le juge à propos ; ainsi, en supposant qu'on prenne mille bouteilles pour un muid,
un œm, un quarteau, une tonne, ou pour toute autre grosse mesure qu'on voudra, on pourra
aussi bien dire, mille bouteilles ; deux, trois,
quatre, cinq, six, sept, huit, neuf, dix mille
bouteilles ; vingt, cinquante, cent mille bouteilles, un million, un billion, un trillon, un quatrillon, un quintillon, un sextillon de bouteilles
d'eau, de vin, de bierre & d'autres liquides, &
audessus.

Mais nous avouerons que nous ne conseille-
rions pas de faire toutes ces distinctions ; à nôtre
sentiment, il suffiroit seulement de dire, suivant
le nombre des bouteilles de liquides qu'il y auroit, & dont on parleroit ; un tel nombre de
bouteilles d'eau, de vin, de bierre, comme par
exemple 10,755 bouteilles & un quart, ou bien
un tiers de bouteille ; 56 mille 784 & un sixième, un huitieme ou un neufième de bouteille,
& ainsi du reste. Il est avéré que par la méthode que nous traçons, on connoîtroit la juste
consistance de tous les liquides, beaucoup mieux
que par tous les noms & les distinctions qui sont
aujourd'hui en usage.

Veut on savoir la quantité de couches de particules d'eau distillée que contient un bouteille,
il ne s'agira que de procéder suivant les régles
ordinaires de la mesure des solides, & on trou-

K

vera que cette quantité de couches eft au nombre de cent ; & au nombre de mille pour les
particules microfcopiques. Veut on favoir combien de bouteilles d'eau que contient une grande
colomne quelconque d'eau ou de liquide, qui feroit en forme de cube, de prifme, de cilindre
ou de parallélipede, il ne s'agira que de multiplier
la baze par la hauteur, & on aura le nomber
defiré ; veut on favoir combien de bouteilles d'eau
que contient une colomne d'eau en forme de
piramide ou de cone, il ne s'agira que de multiplier fa baze par le tiers de fa hauteur. Veut
on favoir combien de bouteilles que contient
une grande colomne d'eau dans la capacité parfaitement ronde d'un vafe, il ne s'agira que de
multiplier le nombre des particules ordinaires ou
microfcopiques qui conftituent fa furface, par la
fixième partie de fon diamètre, & on aura le
nombres de bouteilles d'eau qu'on demande, &
même la fraction de la dernière bouteille, avec
affez de facilité. Il en eft de même de plufieurs autres colomnes d'eau ou d'autres liquides de formes
régulières, ou irrégulières, dont on pourra connoitre
la valleur à peu-près par les mêmes loix, ou par
d'autres qui font affez connues en géometrie &
en phyfique. Comme chaque bouteille contient
mille gouttes d'eau, de vin, ou d'autres liquides, on fçaura facilement le nombre total des
gouttes d'eau, en multipliant chaque bouteille
par le nombre mille.

Nous difons 8°, que la bouteille fe diviferoit
par dixième, centième, millième, dixmillième,
cent millième, jufqu'à une millionième particule.

Comme nous avons dejà eu lieu de rendre raifon de ces objets, nous ne nous répétérons pas.

Nous difons 9°, que pareilles défenfes feroient
faites d'exprimer les nombres intermédiaires des
quantités décimales des bouteilles autrement que
fuivant la nature, pour les multiplications, pour
les divifions, ainfi que pour les fractions de bou-

teilles, & pour les nombres des quantités décimales de la bouteille divisée. Ainsi entr'autres,
pour ce qui concerne les derniers nombres *des
quantités décimales de la bouteille divisée*, comme étant la chose la plus remarquable, au lieu
de dire dans le commerce ordinaire une, deux,
trois, quatre, cinq, six, sept, huit, neuf roquilles ou poissons, pouces-cubes ou lignes-cubes
d'eau, de vin, de bierre ou d'autres liquides; on
diroit, une, deux, trois, quatre, cinq, six,
sept, huit, neuf dixièmes, centièmes, millièmes,
cent millièmes, millionièmes particules d'eau, de
vin, de bierre ou d'autres liquides, & ainsi du
reste. D'après les principes que nous avons établi, il suffit de la simple exposition de ces objets
pour les concevoir.

Nous disons 10°, que les bâtons de jauges
seroient renouvellés, & proportionnés à la nouvelle mesure des liquides; en effet: on conçoit
assez que les étalons de ces mesures étant chan-
gés, les bâtons de jauges devront nécessairement
subir un changement pareil. On pourra avec
avantage les marquer de maniere, qu'on puisse
connoître la quantité d'eau, de vin, de bierre,
ou de liquide qu'il y a dans un tonneau, bouteille par bouteille, ou même par les fractions
de la derniere.

Ce seroit certainement ici le lieu de déterminer avec plus de précision qu'on ne l'a fait jusqu'aujourd'hui, la pesanteur spécifique des principaux liquides connus dans la nature, ainsi que
des principaux corps solides, en prenant pour
baze un pondé ou une bouteille d'eau de pluie
distillée en été, à dix degrés au dessus de zero
du thermomètre de Reaumur, ou bien si l'on
veut, un pondé d'or de coupelle. Ce tableau
ne peut qu'être intéressant & précieux. Nous
croyons pouvoir en donner ici une petite esquisse.
Nous laissons aux maîtres de l'art d'y corriger &
d'y suppléer & perfectionner ce qu'ils croiront

K 2

convénable, & de donner un femblable tableau avec plus de détail & d'exactitude, d'après les expériences qu'ils en auront fait par eux mêmes. Le voici.

En fuppofant que le volume d'une bouteille d'eau, diftillée en été, à dix degrés au deffus de zero du thermomètre de Réaumur, pefe mille gouttes.

	gouttes.		gouttes.
ci	1,000	fel de Gayac . .	2,155
un pareil volume d'or		terre favonneufe .	2,101
fin ou de coupelle,		terre de Lemnos .	2,007
pefera le poids de	19.647	brique	2.007
or de Guinée . .	18,895	fouffre vif . . .	2,007
or de ducat . .	18,268	albatre	1,879
or de louis . .	18,173	ivoire	1,832
mercure . . .	14,007	miel	1,457
mercure doux . .	13,383	eau forte . . .	1,307
plomb	11,339	encens	1,078
argent fin de coupelle	11,098	fang humain . .	1,047
argent monnoyé .	10,542	eau de mer . . .	1,037
cuivre rouge du Japon	9,007	vinaigre	1,037
cuivre de Suéde .	8,791	bierre	1,026
cuivre jaune ou de		eau de riviere . .	1,016
laiton	8,007	bois verd . . .	1,011
acier trempé . . .	7,857	eau de pluie . . .	1,004
fer	7,652	cire jaune	1,002
étain	7,478	vin de Bourgogne .	1,000
aimant d'Hongrie .	5,113	huile d'olive . . .	920
pierre de Bologne .	4,203	frêne fec	867
faphir d'orient . .	3,569	bois de hêtre . . .	861
ardoife bleue . .	3,497	if	767
diamant	3,407	genevrier . . .	563
verre blanc ou cryftal	3,157	fapin	557
marbre	2,725	laurier	556
verre de bouteille .	2,673	pin	437
pierre à fufil . . .	2,648	liége	247
tartre vitriolé . .	2,305	air	1

Ce tableau ne fera pas plus étendu, puifque le détail de tous les corps folides & liquides connus, nous meneroit trop loin ; notre intention dans cet ouvrage n'étant que de tracer les mé-

thodes les plus faciles & les meilleures, il suffit
d'avoir seulement indiqué celle-ci.

Par ce tableau on verra donc 1º le rapport
de pesanteur de tous les corps solides & liquides
mentionnés, avec la bouteille d'eau de pluye distillée en été, 2º le rapport de volume de chacun, avec le ponde de pareille eau. & 3º combien il doit y avoir de particules dans les corps
solides & liquides, égales à la pesanteur de la
millième partie d'une bouteille d'eau distillée; où
bien si l'on veut, de la millionième & de la billionième partie.

L'effet de ce tableau doit être, qu'on sçaura
pour tous les corps solides & liquides, une proportion plus exacte qu'auparavant : ainsi, voudra-t-on savoir le rapport de pesanteur de l'eau
de pluie distillée en été à celui de l'or fin ? on
dira, d'après le tableau ci-dessus, que l'or fin ou
de coupelle, est d'un volume dixneuf fois & près
de deux tiers, moindre que celui de ladite eau ;
ou bien, que la raison de l'or fin est à celle de
l'eau de pluie distillée en été à dix degrés audessus de zero du thermomètre de Reaumur, comme 19,647 à 1,000 ; ou comme 19 millions 647
mille à un million, ou comme 19 billions 647
millions, à un billion.

La raison du liege à l'eau distillée en été est comme 247 à 1000 ; c'est-à-dire que le liege à une pesanteur specifique, d'environ le quart moindre que
l'eau distillée, ou qu'il à un volume environ
quatre fois plus considérable qu'un pareil volume d'eau distillée. On dira pareillement qu'-
une bouteille d'air, est d'une pesanteur mille fois
moindre qu'une pareille bouteille d'eau distillée,
& qu'il à une pesanteur dixneuf mille six cens
quarante sept fois moindre, qu'un pareil volume
d'or fin ou de coupelle; que par conséquent la
millième partie d'une bouteille d'eau distillée en
été, ou bien la dixneufmille six cens quarante
septième partie d'un pareil volume d'or de cou-

K 3

pelle doit mettre dans la balance, un femblable
volume d'air en équilibre. Une bouteille d'air
étant divifce en mille parties, chacune de ces
parties fera d'une pefanteur & d'un volume
égal à la billionième partie d'une bouteille d'eau
diftillée ou bien à la dixneuf billionième & 647
millionième partie d'un pareil volume d'or de coupelle.

Nous pourrions encore déduire un nombre infini de conféquences avantageufes pour toutes les
fciences & les arts lefquels doivent refulter de
la confection de ce tableau, fuivant la méthode
que nous propofons; mais comme il nous importe de ne pas trop groffir ce volume, & de
devenir peut-être diffus, nou laiffons à quelque
favant ou littérateur plus expert & plus éclairé
que nous dans cette matière, à la developper &
à la traiter avec la fagacité & avec la profondeur
qu'elle mérite par fon importance, & par fon utilité. Nous paffons plus loin.

ARTICLE XVI.

„Les étalons des poids & mefures étant ainfi
,, établis, feroient communs à toutes les profef-
,, fions & à toutes les efpèces de denrées. de
,, liquides & de marchandifes; & expreffes inhi-
,, bitions & défenfes feroient faites à toutes per-
,, fonnes de quelque qualité & condition qu'el-
,, les fuffent, d'ufer d'autres poids & mefures que
,, de ceux mentionnés ainfi que de leurs nom-
,, bres, fractions, multiplications, divifions &
,, acceffoires pour la foye, la cochenille, le co-
,, rail, les chanvres, les lins, les laines & pour
,, toutes fortes d'effets; pour le vin, le vinaigre,
,, les huiles la bierre & pour d'autres pareils li-
,, quides; pour les grains, le fel, le charbon de
,, terre & de bois; pour la chaux, le platre,
,, le foin, la paille, la litière. le bois, les fagots,
,, le fable, les pierres, & pour toutes les fub-
,, ftances que ce puiffe être; & de ne plus di-

» stinguer le pied ou le demi travers de main
» ordinaire, du demi travers de main de vitrier,
» du demi travers de main d'architecte, du de-
» mi travers de main du Roi, du demi travers
» de main pour le toisé des pierres de taille
» dans les carrières, & de tous les autres.

L'uniformité des poids & mesures pour toutes
les professions, ainsi que pour toutes les espèces
de denrées, substances & usages de la société,
doit paroitre d'autant plus nécessaire, que les vols
étoient fréquents à cause des différentes manières, de mesurer, & de leurs divisions & distinctions
singulieres pour certaines professions; ainsi, on
apperçoit du premier coup d'œuil que rien ne seroit plus utile que les nouveaux poids & mesures
fussent rendus les mêmes pour la soye, la cochenille, le corail, les chanvres, les lins, les laines, & pour toutes sortes d'effets pareils; pour
le vin clair & pour le vin marc & lie; pour les
vinaigres, la bierre, les huiles & pour les autres substances liquides; pour le sel, le charbon
de terre & de bois, le plâtre, le foin, la paille,
la litière, le bois, les fagots, le sable, les pierres, & pour toutes les matières quelconques, &
qu'on ne fit plus ces ridicules distinctions qu'il y
avoit, dont nous avons fait mention; on éviteroit
certainement bien des embarras dans la manière
de peser, de mesurer, de toiser & de compter,
dont les opérations seroient beaucoup plus simplifiées.

En rendant les poids & mesures uniformes
dans toute l'Angleterre, ainsi qu'il est porté par
le 27eme chapitre de la grande charte, on y a
établi deux sortes de poids, sçavoir, *le poids de
Troye* qui est de 12 onces à la livre, & le poids
avoir du poids qui est de 16 onces à la livre;
c'est aux grains de bled renfermés dans l'épi, que
se rapportent l'un & l'autre de ces poids; 24
de ces grains poids de Troye font un denier
sterling, 20 deniers sterling une once, & 12 on-

ces une livre ; mais à l'égard de la fixation de
ces poids il fubfifte des inconvéniens qui, nous
ofons le dire, fe trouvent entiérement applanis
dans notre plan. En effet : tout en louant &
en admirant la fagacité de la législation angloife
pour le bien général, on nous avouera 1° qu'un
premier inconvénient des poids d'Angleterre, confifte en ce qu'ils font de deux efpèces différemment réglée, chaque once *avoir du poids* contenant un douzième moins que l'once *de Troye*,
puifque cette derniere eft de 490 grains, & que
la premiere n'eft que de 448 grains. Rien ne
feroit fi facile fan doute que de pefer toutes
les marchandifes, quelles elles puiffent être, avec
un feul poids, comme par exemple, celui que
nous avons indiqué ; s'il s'agit de pefer de groffes
marchandifes, il fuffira de fe fervir de plus groffes balances, & de multiplier les pondes.

La foye, le foin, la paille, les éponges &
d'autres matières femblables peferont, *nous dira-
t'on*, quelque peu davantage fur la balance, que
le fer, le cuivre, le plomb & les autres matières compactes ? hé bien ! les acheteurs devant
s'inftruire des loix naturelles & phyfiques qui opé-
rent cette différence pour les marchandifes vo-
lumineufes, & ne devant pas les ignorer, ils n'auront qu'à y faire attention, & régler en conféquence le prix qu'ils en offriront ; ce prix pourra y être équivalent & proportionné.

Un fecond inconvénient confifte en ce qu'on a
fixé les grains des poids à ceux du bled ; or, à
notre fentiment, c'eft une chofe qui n'eft guères
poffible ; puifqu'il eft certain, qu'il y a des
champs entiers qui donnent des grains qui excé-
dent fouvent le poids de ceux d'un champ voi-
fin moins bien cultivé, de plus du double. Or,
les étalons d'Angleterre paroiffant par-là être vi-
cieux dans leur principe, ils ne peuvent que
l'être dans toutes leurs conféquences. C'eft ce
qu'on a auffi fort bien fenti dans cet état, dans

les différens tems, particuliérement *la Société Royale de Londres*, qui, depuis assez longtems, par une suite de procédés aussi nobles que généreux, à provoqué à cet égard les recherches des personnes éclairées; afin qu'il puisse y être porté un remede efficace.

On nous objectera peut-être, que toutes les choses qui ont été établies dans les articles ci-dessus feroient des nouveautés extraordinaires, surtout pour une certaine classe de savants, & pour le menu peuple, auquel il feroit difficile de les faire adopter; & nous répondrons qu'elles ne font pas moins fondées sur l'ordre de la nature, qui seul, malgré toutes les institutions humaines qui y font contraires, doit être consulté, *& auquel il faudra toujours revenir, tôt ou tard.*

C'auroit été ici le lieu de faire mention *du titre & de la division des matières d'or & d'argent & des monnoies;* mais comme ces objets feroient trop longs à développer & à discuter, & qu'ils pourroient empêcher ou rétarder l'exécution de ce plan, *qui est déja si vaste*, nous n'avons pas crú devoir en parler, en nous réfervant néanmoins d'y revenir peut-être quelque jour. Il entre aussi dans notre plan, de *rendre toutes les monnoies, & les changes uniformes*, en prenant les principes ci-dessus détaillés *pour base*; & nous déclarons, que nous nous ferons un plaisir de continuer le travail que nous avons déja commencé à ce sujet, dès qu'on aura bien voulu nous récompenser de celui-ci, & nous accorder l'encouragement dont nous avons besoin, pour une entreprise aussi pénible, difficile & importante.

ARTICLE XVII.

„Il feroit ordonné, que les tables dont on
„ trace ici l'esquisse, fervent de régles fixes &
„ invariables, pour désiguer les rapports & la
„ différence des nouveaux poids & mesures d'avec

„ ceux qui font actuellement en ufage dans
„ toutes les villes, bourgs, villages & hameaux
„ du Royaume de France & de fes colonies,
„ d'avec ceux des principales villes de l'Europe
„ & du monde, qui y feroient tranfcrites au
„ long, ainfi que d'avec les poids & mefures des
„ anciens; le tout, pour la facilité des réduc-
„ tions, des calculs, & du commerce; pour l'in-
„ telligence des auteurs anciens & modernes, &
„ pour parvenir à perfectionner toutes les fcien-
„ ces, les arts & les connoiffances humaines. Ces
„ tables feroient intitulées & divifées à peu-près
„ comme il fuit.

Tables.

„ De la réduction des nouveaux poids & mefu-
„ res, contre ceux de toutes les villes, bourgs,
„ villages, hameaux & lieux du Royaume de
„ France & de fes colonies; contre ceux des
„ principales villes de l'Europe & du monde,
„ qui font actuellement en ufage, ainfi que con-
„ tre ceux des anciens; avec les mefures du glo-
„ be terraquée, & des objets aftronomiques &
„ microfcopiques.

Mefures & poids de Paris.

Nous obfervons ici, que fi nous n'avons pas
évalué, aux nouveaux poids & mefures, plufieurs
de ceux qui fuivent, les raifons font d'une part,
que nous avons craint de nous tromper dans
des calculs trop compliqués de fractions; nous
avons mieux aimé laiffer ce foin aux arithméti-
ciens & aux gens de l'art; d'autre part, nous
avons confidéré que nos calculs, & la plupart
de nos évaluations ne ferviroient de rien, qu'a-
près que les étalons propofés auroient été adop-
tés par les fouverains & les républiques. Nous
dirons au furplus, que nous n'avons en particulier deftiné cette table *qu'à tracer la voye*, &

à montrer la manière dont on pourroit s'y prendre pour faire de semblables évaluations.

Nous observons encore, que pour éviter les rédites sur des objets assez communs, & pour opérer autant qu'il seroit possible le abbréviations, sans nuire à la parfaite intelligence des choses, lorsqu'on parleroit *de points & particules* simplement, il nous semble qu'on pourroit aussi, fort bien entendre les nouveaux points & particules ordinaires ; mais lorsqu'on parleroit *de points & particules microscopiques*, on devroit toujours les spécifier par leurs noms de *points ou particules microscopiques*. Nous transcrirons cependant ces termes dans leur entier, dans la table ci-après, afin de rendre notre sistème plus sensible, ainsi que le nom de *demi travers de main*, au lieu du nom de *l'Inventeur*, qui est plus court ; sauf à faire usage à la suite des unes & des autres de ces dénominations lorsque cet ouvrage aura été livré à la discussion publique.

MESURES LONGUES D'INTERVALLES.

Le nouvel étalon des longueurs ou le demi travers de main,	demi travers de main.	points de Paris de 1728 au pied.	nouveaux points ordinaires.	points microscopiques.
vaut		. 213	100	1000
un point du pied de Paris de 1728 au pied				
— de 1584 . . .				
— de 1440 . . .			—	
une ligne . . .		. 12		
un pouce . . .		. 144		
un pied de Paris .	. 8	. 24		
un pas de 2½ pieds	20	. 60		
un pas géometrique de 5 pieds . .	40	. 120		
la toise de 6 pieds .	48	. 144		
la perche de 10 pieds	81	. 27		

	demi t. de main.	points de Paris	points ord.	points microfc.
la perche ordinaire de 18 pieds . . .	. 146	6	. .	. .
la perche des eaux & des forêts de 22 pieds	178	102		
Aunage de Paris.				
L'aune ordinaire de 3 pieds 7 pouces 8 lignes	29	111		
Mefures militaires.				
La hauteur du foldat, étant fixée par l'ordonnance du Roi, à 5 pieds & un pouce au moins, vaut .	41	51		
⌐e calibre d'une pièce de canon , ou le diamètre de fon ouverture , étant de 6 pouces , 4 lignes vaut	4	60		
La longueur d'une pièce de canon qui feroit de 10½ pieds, vaut	85	39		
Mefures itinéraires.				
La lieue de Paris de 2000 toifes , vaut	96,135	45		
la lieue de Paris de 2282 toifes, ou de 25 au dégré . .	109,761	183		
la lieue marine de 2853 toifes . .	138,668	20		
la lieue de Beauce , ou de Gatinois, de 1700 toifes . .	81,712	74		
la lie e du Lionnois, du Bourbonnois, de Provence , de Languedoc &c. &c. .				

	demi travers de main.	points de Paris.	points ordinaires.	points microf.
Le mille ordinaire d'Allemagne, de 15 au degré, ou de 3804 toiſes . .	. 138,668	20	. .	. 2
Le mille de Suabe, de Heſſe & de Hongrie de 12 au degré, de la Suiſſe de 13 au degré, de la Baviere de 18 au degré, des Pays-bas de 20 au degré, du Palatinat de 24 au degré &c. &c.				
le degré de 57,060 toiſes vaut . . .	2,777,455	165		
le nouveau degré de 57.066 toiſes, 2 pieds, 8 pouces 3 lignes 6 points & $\frac{2}{3}$ de point vaut .	2,777,777	142		
Meſures actuelles des tems.				
Le jour de 24 heures fait	1,000,000,000		100billions.	1 trillon.
l'heure de 24 au jour	41,666,666	142		
la minute de 60 à l'heure . . .	. 691,111	21		
la ſeconde de 60 à la minute . . .	. . 11,518	$10\frac{1}{2}$		
la tierce de 60 à la ſeconde . . .				
la quatierce de 60 à la tierce . . .				

(1) *Comme l'année solaire commune à*, au delà des 365 jours, 5 *heures* 48 *minutes* 48 *secondes*, faisant 334,726,198 demi travers de main, plus 106½ points de Paris, cette quantité seroit additionnée tous les 4 ans, & formeroit *une année bissextile*, comme à l'ordinaire; & attendu les fractions, la 400ème année resteroit aussi bissextile, comme à présent.

(2) Il nous paroit qu'il seroit assez à désirer, que le mois solaire, qui est actuellement fort irrégulier, puisqu'il est de 28, 29, 30 & 31 jours, fut plutôt divisé en 36½ jours, faisants la 10ème partie des 365 jours de l'année.

(3) On observe ici, *sans avoir égard à de vieux & ridicules préjugés*, toute la facilité de compter les semaines; puisque, pour le faire à la suite, il ne s'agiroit que d'ajouter *un zero*, au produit, en demi travers de main, points ordinaires ou microscopiques, d'un jour.

(4) Le mois lunaire, c'est-à-dire, l'intervalle d'une nouvelle lune à l'autre, resteroit comme il est, avec la seule différence, qu'il n'y auroit plus que 10 mois dans l'année lunaire, au lieu 12 mois.

(5) On conçoit, qu'il y auroit beaucoup plus de régularité, en divisant à l'avenir l'année lunaire en 10 plutôt qu'en 12 lunations, au desir & en conformité des principes que nous avons établi dans cet ouvrage; ainsi, au lieu qu'une année lunaire valoit ci-devant 354 jours 8 heures 48 minutes, 35 secondes, en la réduisant à 10 lunations, elle ne vaudroit plus que 295 jours, 7 heures, 20 minutes 30 secondes; & lorsqu'on voudra compter les années lunaires depuis une ère quelconque, comme par exemple, de la création du monde, ou de la naissance de J. C. cela ne sera pas plus difficile qu'auparavant, ou même encore plus facile, puisque cette operation aboutira à un simple calcul d'arithmétique. Au surplus, nous ne pouvons qu'inviter M. M. les Astronomes à s'occuper de cette belle partie des sciences, & à la rectifier.

de tous les poids & mesures.

Mesures nouvelles des tems.

	demi travers de main.	points de Paris.	points ordinaires.	points microscopiques.
L'année solaire commune de 365 jours. (1)	365,500,000,000,000		36,500,000,000,000,000	365,000,000,000,000,000
Le mois solaire de $36\frac{1}{2}$ jours, vaut. (2)	36,500,000,000,000		3,650,000,000,000,000	36,500,000,000,000,000
La semaine de 10 jours vaut (3)	10,000,000,000,000		1,000,000,000,000,000	10,000,000,000,000,000
Le jour de 10 heures, vaut	1,000,000,000,000		100,000,000,000,000	1,000,000,000,000,000
L'heure de 10 au jour, vaut	100,000,000,000		10,000,000,000,000	100,000,000,000,000
La nouvelle minute de 100 à l'heure ou de mille au jour vaut	1,000,000		100,000,000	1,000,000,000
La nouvelle seconde de 1000 à la minute, vaut	1,000		100,000	1,000,000
La nouvelle tierce, qui pourroit être appellée un demi travers de main, ou un C... de tems, vaut	1		100	1,000
La nouvelle quatierce, qu'on appelleroit un point microscopique de tems, vaut	$\frac{1}{100}$		$\frac{1}{10}$	1
Le mois lunaire de 29 jours 44 minutes 3 secondes anciennes, vaut. (4)	29,530,583,443	$2\frac{1}{2}$	2,953,058,344,312	29,530,583,443,012
L'année lunaire de 295 jours 7 heures 20 minutes 40 secondes des anciennes, vaut. (5)	295,305,834,430	25	29,530,583,443,012	295,305,834,430,127

Longitudes & latitudes de Paris.

On fixeroit ici le demi travers de main, ou le point ordinaire ou microfcopique du grand cercle des longitudes, & le demi travers de main, ou le point ordinaire ou microfcopique du grand cercle des latitudes dans lefquels fe trouve la ville de Paris; on fuppoferoit que le premier demi travers de main, ou point de longitude & de latitude commenceroit, par des cercles qui fe croiferoient à angles droits fous l'équateur, à quelques lieues au deffus de *Quito* dans le Perou, ou il feroit érigé une colomne ou monument à ce fujet.

Il eft à obferver, que par cette façon de fupputer les diftances, il ne feroit plus befoin de defigner celle qu'il y a d'un endroit à l'autre en ligne droite; parceque la différence des demi travers de main, ou fi l'on veut, des points ordinaires ou microfcopiques de longitude ou de latitude d'un endroit à l'autre, l'indiqueroit fuffifament. Ainfi, fi la ville de Paris étoit fituée au 216, 779, 265ème demi travers de main du grand cercle des longitudes, & que la ville de Perpignan qui eft fituée à environ 160 lieues plus loin, foit fous le 236 779, 265ème demi travers de main auffi de longitude, la différence du chemin & de la ligne droite de l'une à l'autre de ces 2 villes feroit de 20 millions de demi travers de main, qui font 2 billions de points ordinaires, & 20 billions de points microfcopiques. Il en eft de même pour la fupputation de la diftance de deux villes dont la pofition feroit dans les lignes de latitude.

———————

Mesures quarrées & d'arpentage.

	demi travers de main quarrés.	Points de Paris de superficie.	Points ord.	Points micros.
Un demi travers de main quarré, fait 213 points multipliés par 213 points . .	. . . . .	. 45,369		
la ligne quarrée de Paris vaut .	. . . . .	144		
le pouce . . .	. . . . .	20,736		
le pied . . .	 65	36,967		
le pas de 2½ pied	. . . 411	15,741		
le pas de 5 pieds	. . . 1,601	13,831		
la toise de 6 pieds	. . . 2,369	16,263		
la perche quarrée de 10 pieds .	. . . 6,581	25,011		
la perche de 18 pieds	. . . 21,324	10,260		
la perche de 22 pieds	. . . 25,242	11,958		
l'arpent ordinaire de Paris, de 100 perches quarrées de 18 pieds, ou de 32400 pieds	. . 2,131,600	3,600		
l'arpent des eaux & forêts de 100 perches de 22 pieds l'une . .	. . 3,168,422	42,282		
la lieue quarrée de 1700 toises .	. 6,676,857,944	5,476		
la lieue quarrée de 2000 toises .	. 9,241,738.225	2,025		
la lieue quarrée de 2282 toises .	. 12,049,477,121	23,489		
la lieue quarrée marine de 2853 toises	. 19,228,814,124	400		
le mille quarré ordinaire géographique de 3,804 toises	. 34,285,336,569	23,409		
le degré quarré de 57060 toises .	7,614,256,277,025	27,225		

	demi travers de main quarrés.	Points de Paris.	Points ord.	Points microfc.
le nouveau degré quarré de 57,066 toifes 3 pieds, 8 pouces, 3 lignes 6 points, & $\frac{2}{3}$ de point	7,703,700,629,429,	20,164		

Mefures longues cubiques.

Le demi travers de main cubique. . . .			9,663,597
la ligne cubique de Paris . .			1728
le pouce cubique			2,983,984
le pied		513	2,309,795
le pas de 2½ pied		8,342	7,850,826
le pas géometrique de 5 pieds .		66,627	4,866,681
la toife cubique de 6 pieds . .		115,331	250,425
la perche de 10 pieds		533,939	9,033,417
la perche de 18 pieds		3,113,882	8,249,310
la perche de 22 pieds		3,505,417	5,882,547
la lieue cubique de 2282 toifes &c. &c.			

MESURES CREUSES OU DE CONTINENCE POUR LES MATIERES LIQUIDES DE PARIS.

	Bouteilles.	Gouttes	Particules liquides ord.	Particules liq. micr.
Un pouce cube de liquides de la mefure vaut . .				
Une roquille ou poiffon				
Le demi feptier				
La chopine				
La pinte				
La quarte ou le pot				

	Bouteilles.	Gouttes	Particules liquides. ordi.	Particules liq. microc.
Le septier	. .	.	. .	.
La feuillette				
Le muid d'eau ou de vin				
Le muid d'eau de vie de 27 septiers, &c. &c.				

POIDS ORDINAIRES DE PARIS.	Pondes.	fraction de pondes.	Particules solides ord.	Part. solides micro.
La prime vaut . . .	. .	. .	.	.
Le grain				
Le denier				
Le gros				
L'once				
Le marc				
La livre				
Le quintal				

Poids des Essayeurs & des Métallurgistes.

1. 100 livres ou quintal vaut	.	. .	. .	. .
2. 64 livres				
3. 32 livres				
4. 16 livres			.	
5. 8 livres				
6. 4 livres				
7. 2 livres				
8. 1 livre ou 32 demi onces				

9. $\frac{1}{2}$ ou 16	. .	. .	. .	.
10. $\frac{1}{4}$ ou 8 loths ou demi onces.	. .	.	. .	. .
11. $\frac{1}{8}$ ou 4				
12. $\frac{1}{16}$ ou 2			.	

13. 1 loth ou 2	. .	.	.	. .
14. $\frac{1}{2}$ loth ou 1 demi ficiliques ou gros.				
15. $\frac{1}{4}$ loth ou $\frac{1}{2}$			.	
16. $\frac{1}{8}$ loth ou $\frac{1}{4}$			.	

L 2

Poids de Médecine, de Paris.	Pondes.	fraction de pondes.	Part. fo-lides ord.	Part. folides micr.
Une livre vaut .	• •	• •	• •	• •
Une once vaut				
Un dragme				
Un fcrupule				
Un grain				
Une prime				
Le fafcicule				
La poignée				
La pincée				
La cueillerée de tels liquides				
la tafle				
Le petit verre				
La goutte				
La groffeur d'une noix mufcade				
— d'une noifette				
— d'une noix ordinaire				
De la poudre autant qu'il en peut tenir fur le manche d'une cueillere				
— fur la pointe d'un couteau				

Evaluation des mesures de continence pour les choses séches de Paris, en pondes.

Le litron de froment	• •	• •	• •	• •
— d'avoine				
— d'orge &c.				
Le boiffeau				
Le minot				
La mine				
Le feptier				
Le muid de froment				
— d'avoine				
— d'orge				
— de charbons de terre				
— de charbons de bois				
— de chaux				
— de plâtre				
Le fac &c. &c.				

Mesures des bois, des fagots, des pierres, des legumes & des fruits de Paris.

Il nous paroît, qu'il ne seroit pas néceʃʃaire de faire l'évaluation au nouveau poids, du bois de différentes espèces, & des fagots, ni des pierres qui se vendent ordinairemeut à Paris ; non plus que des légumes, fruits & autres denrées & marchandises que nous avons détaillé en l'article 16ème ; nous penʃons que, dès qu'on auroit ordonné qu'ils se vendroient, *non plus à la meʃure, mais au nouveau ponde*, ils auroient bientôt atteint le prix courant *à proportion de la quantité & de la qualité des choʃes.* Ainʃi, ʃi la corde de bois de poirier se vend à Paris 30 livres, & qu'elle peʃe ʃ mille pondes ; 1000 pondes qu'on auroit peʃé de bois de pareille qualité, ʃeroient bientôt fixés au prix de 6 livres, & 10 mille pondes au prix de 60 livres ; c'eʃt en quoi les acheteurs ne ʃeront peut-être pas trompés d'un ʃol. Il en eʃt de même des pierres, ainʃi que de la paille, du foin, du chanvre, du lin, des fruits, des légumes, & de toutes les denrées & matières que ce puiʃʃe être ; leur poids net, avec leur qualité, régleront abʃolument leur prix. Si néanmoins on vouloit faire, dans la table dont nous traçons l'eʃquiʃʃe, l'évaluation des cordes de bois ou de pierres de telles qualités, des cent de fagots, des légumes, fruits & autres marchandiʃes & denrées, *en pondes*, cela ʃera abʃolument libre à ceux qui ʃeront chargés par les ʃouverains & républiques, de travailler à la confection d'une pareille table, dans leurs états reʃpectifs.

La table que nous venons de tracer de l'évaluation des nouveaux poids & meʃures de Paris, aux demi travers de main, aux bouteilles & aux pondes, & à leurs nombres, fractions, multiplications ou diviʃions, & acceʃʃoires, ʃeroit ainʃi continuée *par ordre alphabétique* pour chaque ville,

bourg & village du Royaume de France, dont
on défigneroit en même tems le demi travers de
main ou le point de longitude & de latitude,
qui feroit pris à l'endroit ou eft fituée la prin-
cipalle églife - paroiffiale du lieu ; on auroit attention d'obferver, que lorfque dans une ville,
bourg ou village, le poids ou la mefure feroient
les mêmes que ceux de Paris, pour abréger, on
n'en feroït pas mention, mais feulement des
poids & mefure dont la longueur, la continence
ou la pefanteur feroient différens. Une table pareille fera fans doute très-longue, & contiendra
plus d'un volume ; mais on nous conviendra
qu'elle eft néceffaire.

On feroit fuivre les poids, mefures, longitudes & latitudes de toutes les villes, bourgs, villages & habitations des isles & colonies dépen-
dantes de la France. Viendroient enfuite, les
poids & mefures de tous les autres Royaumes,
Empires, Républiques & Etats de l'Europe, &
fucceffivement ceux qui font connus dans les autres parties du monde, à peuprès comme il fuit.

Mefures longues d'Angleterre.

	demi t. de main.	points de Paris.	points ord.	points mi- crofc.
Le point vaut				
Inch, le pouce				
Palm, le palme				
Span, l'empan				
Fot, le pied				
Cubic, la coudée				
Jard, la verge				
Pace, le pas				
Fathom, la braffe				
Pole, la perche				
Furlung, le ftade				
Mile, le mille				
Mefures quarrées d'Angleterre.				
Inches, le pouce vaut				
Fot, le pied				
Jard, la verge				

	demi t. de main.	points de Paris.	points ordinaires	points microsc.
Pace , le pas	• •	• •	•	• •
Pole , la perche				
Rood , un quart d'arpent				
Acre, l'arpent (1)				
Mesures cubiques d'Angleterre &c. &c.				
Mesures liquides d'Angleterre.	Bouteilles.	gouttes.	part. liq. ordin.	part. liq. mic.
Solid inches vaut	• •	•	•	•
Pinch	• • •			
Gallon	• • •			
Rundlet	• • •			
Barret	• • •			
Tierce	• • •			
Hogshead	• • •			
Punchion	• • •			
Bret	• • •			
Tun	• • •	Pondes.	fracde ponde	part. folidord.	part. micr.
Poids de Troye.	Pondes.	fracde ponde	part. folidord.	part. micr.
Le grain vaut	• •	•		•
Le denier	• • •			
L'once	• • •			
La livre	• • •			
Pour les Apoticaires.				
Le grain vaut.	• •	• •	•	•
Le scrupule	• •			
Le dragme	• •			
L'once	• • •			
La livre	• • •			

(1) Nous ne devons pas manquer d'observer, que dans la table générale des nouvelles évaluations, toute les colomnes sous le titre de *points de Paris*, seroient supprimées, & que ces points seroient exactement évalués au nombre juste des points ordinaires ou microfcopiques auxquels ils répondent ; la raison pour laquelle nous avons ici formé ces colomnes est, que nous avons voulu seulement tracer la voye à des calculateurs moins impatiens & plus habiles que nous.

L 4

	pondes	fract. de ponde	part. folid. ord.	part. microf.
Poids avoir du poids.				
Le fcrupule vaut . .	. .	. .	. .	. .
Le dragme . . .				
L'once . . .				
La livre . . .				
Le quintal . . .				
La tonne . . .				
Mefures de continence pour les chofes féches.				
Solid inches vaut .	. .	. .	. .	. .
Pinte				
Gallon . . .				
Peck				
Bushel . . .				
Stricke . . .		.		
Carnok ou Comm .				
Scan ou Quarter .				
Way				
Laſt				

Les divifions des poids & mefures d'Angleterre tels qu'ils font indiqués cy deſſus, font, comme nous l'avons appris, généralement diftinguées, fixées & réglées de cette manière en Angleterre. C'eſt pourquoi nous avons cru devoir fuivre cette même fixation. S'il y en avoit quelques unes que nous aurions omis, on pourroit les ajouter. Comme ces poids & mefures font communs à toutes les villes, bourgs, villages & lieux de l'Angleterre, ils feroient précédés d'une table de la longitude & de la latitude de chaque endroit, fuivant le demi travers de main ou le point où il fe trouve, ainſi & deméme qu'il a été dit pour la France.

Suivroient les poids & mefures, longitudes & latitudes des villes & endroits de l'Ecoſſe, de l'Irlande & de toutes les autres poſſeſſions qui dépendent du Royaume de la grande Bretagne, ſitués tant en Europe, qu'en Asie, en Afrique & en Amérique.

Poids & mesures de l'Empire d'Allemagne.

Tous les poids & mesures de l'Empire d'Allemagne seroient évalués *par souverainetés*, aux nouveaux, à commencer par les Etats de *leurs Majestés l'Empereur, & le Roi de Prusse*; & en continuant successivement *par les Electorats, les Principautés & par les Etats les plus considerables de l'Empire*, jusqu'aux *Comtés Regnants, & aux territoires des villes libres & Impériales les plus petites*. La généralité de ces tables rassemblées, pourroit former un corps complet d'évaluation de tous les poids & mesures, longitudes & latitudes des villes & endroits de l'Empire d'Allemagne, & des autres Etats qui dépendent de ses Princes, sur laquelle table générale, chacun pourroit desormais se régler. On juge qu'une table pareille seroit longue & dispendieuse, mais qu'importe? dès que le bien-être général des citoyens & de l'humanité, & le bon ordre en dépendent. Il faut qu'on nous convienne que, *tôt ou tard*, les Souverains & les Républiques *ne pourront pas se dispenser de revenir à cette opération*, puisqu'étant *dans l'ordre de la nature*, elle est d'une nécessité absolue.

Après l'évaluation des poids & mesures de l'Empire, & des Etats qui dépendent de ses Princes, aux nouveaux demi travers de main, bouteilles & pondes, suivroient dans le même ordre que pour la France, les poids & mesures de la République des Suisses & de celle d'Hollande & de ses colonies; de l'Espagne & de ses colonies; du Portugal & de ses colonies; du Royaume de Sardaigne & de ses dépendances; du Royaume des deux Siciles, & de la généralité des Etats d'Italie; du Dannemarc, de la Suéde, de la Pologne, de la Russie, & de la Turquie. A tous

ceux-là fuccéderoient les poids & mefures, longitudes & latitu es des principales villes & endroits des autres Royaumes, Empires, Républiques & Etats de l'Afie, de l'Afrique & de l'Amérique fuivant la connoiffance qu'on en auroit,
d'après les renfeignement qu'on en prendroit par
des Européen éclairés fixes fur les lieux; de
toutes ces tables enfemble des différens Royaumes, Empires, Républiques & Etats du Monde,
on formeroit *une Table générale*, qui feroit imprimée pour fervir au Public, & pour être par
lui confultée au befoin.

Voilà ce que nous avions à dire, touchant
l'évaluation des poids & mefures qui font actuellement en ufage, & que nous propofons de réformer. Il eft un autre objet qu'on trouvera
peut-être moins néceffaire que celui dont il vient
d'être fait mention, mais qui peut être généralement utile, furtout pour ceux qui voudront
lire l'hiftoire, avec connoiffance e caufe, &
avec fruit. C'eft l'évaluation des poids & mefures *des an iens*, aux nouveaux. Nous obfervons *qu'en tête de chaque livre d'hiftoire ancienne ou moderne*, on devroit placer *un tableau,
en une feule feuil e*, ou on puiffe voir 'un coup
d'oeil, la réduction des poids & mefures anciennes, ainfi que des modernes, qui font cités dans
l'ouvrage, aux poids & mefures nouvelles, & de
récente invention. Nous allons ici tracer les
principaux poids & mefures es anciens qui nous
font connus; on pourra joindre à la table, les
autres que nous avons omis, fi on le juge à
propos.

Mesures longues des grecs, réduites aux nouvelles.

	demi t. de main.	fract- de de- mi t. de main.	points ord.	points micr.
Dactilus, vaut				
Dovon				
Lichas				
Orthodoron				
Spithamus				
Pes				
Pygmos, *la coud.'e*				
Pygon				
Pecus, *la grande coudée*				
Orgya				
Plethrum				
Stadius aulus, *ſtade*				
Milliare				

Mesures longues des romains.

Digitus transversus				
Uncia				
Palmus minor				
Pes				
Palmipes				
Cubitus				
Gradus				
Paſſus				
Stadium				
Actus minimus				
Clima				
Actus quadratus				
Jugerum				
Milliare				

Mesures longues de l'Ecriture.

Le travers de doigt				
Le palme				
L'empan				

	demi t. de main.	fract. de demi t. de main.	points ord.	points microsc.
La coudée				
La brasse				
La verge d'ézéchiel				
La perche d'Arabie				
Le petit schœne				
Le grand schœne				
Le mille hébraïque, de 100 au degré				
La parasangue des anciens de 22, $\frac{3}{4}$èmes au degré				
L'ancienne lieue des Gaules & de l'Espagne de 1500 pas, ou de 50 au degré				
Le raste des Germains de 3000 pas romains, ou de deux lieues Gauloises de 25 au degré &c.				

MESURES LIQUIDES.

Ici, se trouveroit l'évaluation de toutes les mesures liquides actuelles de Paris & de la France, & successivement celle des autres Royaumes, Empires & Etats de l'Europe & du monde.

Mesures liquides des Grecs, réduites aux nouvelles.	bou. teilles.	gout. tes.	part. liq. ord.	part. liq. ord. micr.
Cochlearion, vaut				
Cheme				
Mistron				
Concha				
Cyathus				

	Bou-teilles.	gou-tes.	part. liq. ord.	part. liq. micr.
Oxubaphon				
Cotyle				
Xestes				
Cos				
Metretes				

Mesures liquides des Romains.

Ligula				
Cyathus				
Acetabulum				
Quartarius				
Hemina				
Sextarius				
Congius				
Urna				
Amphora				
Culeus				

Mesures liquides des Hébreux.

Caph				
Log				
Cab				
Kin				
Seah				
Bath , epha				
Corom , Chomer				

POIDS

Ici , se trouveroit pareillement l'éva-luation de tous les poids de Paris , & de la France , & succes-sivement celle de tous les autres Royaumes , Empires , Républi-ques & Etats de l'Eu-rope & du monde.

	pondes.	frac. du ponde.	particules ord.	part. microsc.
Poids des Grecs, des Romains & des Egyptiens.				
Lentes				
Siliqua				
Obulus				
Scripulum				
Dragma				
Sextula				
Sicilicus				
Duella				
Uncia				
Libra				
Mina communis				
-- Medicinalis				
-- d'Egypte				
-- d'Antioche				
-- Ptolemaique de				
-- Cleopatre				
-- d'Alexandrie				
Talent attique commun				
-- d'Egypte				
-- d'Antioche				
-- Ptolemaïque de				
-- Cléopatre				
d'Alexandrie				
-- des isles				

Réduction de la livre divisée des romains.

	onces.	pondes.	frac. du ponde.	particules ord.	part. microsc.
1 as	12 vaut				
$1\frac{1}{2}$ deunx	11				
dextans	10				
dodrans	9				
bes	8				
$\frac{7}{12}$ septunx	7				
$1\frac{1}{2}$ semis	6				

	onces.	pondes	fract. de ponde	parti- cules ord.	parti- cules micr.
$\frac{5}{12}$ quincunx	5 vaut	· ·		· ·	· ·
$\frac{1}{3}$ triens ·	4 ·		·		
$\frac{1}{4}$ quadrans	3 ·				
$\frac{1}{6}$ sextans ·	2 ·				
$\frac{1}{12}$ uncia ·	1 ·				

Poids des Arabes.

	onces.	pondes	fract. de ponde	parti- cules ord.	parti- cules micr.
Kestuf ·	· ·			· ·	·
Kirat ·	· ·				
Danisch ·	· ·				
Onolossat ·	· ·				
Garme ·	· ·				
Darchimi ·	· ·				
Denarius ·	· ·				
Sextarium	· ·				
Sacros ·	· ·				
Ratel ·	· ·				
Manes allicatita	·				

Anciens poids de France.

	onces.	pondes	fract. de ponde	parti- cules ord.	parti- cules micr.
Le grain ·	· ·	· ·	· ·	· ·	· ·
Le felin ;	· ·				
La maille	· ·				
Le denier ·	· ·				
l'Esterlin ·	· ·				
Le gros ·	· ·				
l'Once ·	· ·				
Le marc ·	· ·				
La livre ·	· ·				

Mesures rondes, ou pour les choses sèches des grecs.

	onces.	pondes	fract. de ponde	parti- cules ord.	parti- cules micr.
Cochlearion ·	· ·	· ·	· ·	· ·	· ·
Cyathus ·	· ·				
Oxubaphon ·	· ·				
Cotyle ·	· ·				
Xestes, ou septier ·	· ·				
Choinix	· ·				
Medimus	· ·				

	pondes	frac. de pondes	parti-cules ord.	parti-cules microf.
Mesures des romains, pour les choses seches.				
Ligula	. .	. .	. .	. .
Cyathus	. .			
Acetabulum	. .			
Hemina	. .			
Sextarius	. .			
Semimodius	. .			
Modius	. .			
Mesures des Hébreux, pour les choses seches.				
Gachal	. .	. .	. .	. .
Cab	. .			
Gomor	. .			
Seah	. .			
Epha	. .			
Lettech	. .			
Chomer ou Coron	.			

MESURES DU GLOBE TERRAQUÉE, ASTRONO-MIQUES ET MICROSCOPIQUES.

Pour l'utilité & l'instruction de tous les peuples du Monde, il nous paroît qu'il conviendroit aussi qu'on donnat un tableau de la surface, en demi travers de main quarrés, de tous les Royaumes, Empires, Républiques & Etats qui sont sur la terre; de son diamètre, de sa circonférence, de sa superficie, de sa solidité, ainsi que de ses principales merveilles; il est étonnant qu'on s'occupe tous les jours *de tant de choses inutiles ou indifférentes*, qui coûtent beaucoup de peine à apprendre, sans presqu'aucun avantage réconnu pour personne, & qu'on néglige les choses du monde les plus curieuses, les plus intéressantes & les plus belles, telles par exemple, que la connoissance

fance plus exacte de cette terre ou nous vivons,
& où nous avons été placés fans pour ainfi dire
le favoir ; telles que les phénomènes étonnans
qu'on voit, foit par la grandeur énorme des
corps céleftes, par leur diftance confidérable du
centre de la terre, par la viteffe de leurs mou-
vemens & par d'autres effets femblables; ou
bien, dans la petiteffe extraordinaire & prefqu'in-
croyable des objets microfcopiques. C'eft pour
qu'on rempliffe cette belle partie des fciences,
que nous traçons ici la voye ; nous laiffons aux
Geomètres, aux Aftronomes, aux Phyficiens & aux
autres gens de l'art, à la perfectionner & à la
donner avec plus d'exactitude, de détail & d'é-
tendue que nous n'avons pu être à portée de le
faire. Nous ofons penfer que cette digreffion de
notre plan, qui n'en eft pas même une, non feulement ne nous fera pas réprochée, encore qu'il
foit déja infiniment vafte, mais qu'on nous en
faura gré, & qu'elle fera plaifir à plus d'un lecteur.

R é d u ĉ i o n

*Aux demi travers de main ou C... quarrés, de
la furface des principaux Royaumes, Empires,
Républiques & fouverainetés de l'Europe, &
des autres parties du monde.*

Toutes les provinces réunies de la France, contiennent une furface d'environ 10 mille milles
quarrés géographiques d'Allemagne, (1) de 3,804,

(1) Nous comptons un mille quarré pour 34 billions,
285 millions, 336 mille & 569 $\frac{1}{2}$ & un 62ème de demi travers de main quarrés; la moitié que nous avons
fupprimé à la fraction de 62$\frac{1}{2}$ de demi travers de main
quarrés, devra tenir lieu à peuprés des 6 toifes & quelques pieds que nous avons ci-devant ajouté à chaque
dégré de la circonférence du *globe de la terre.*

H

.toifes chacune, faifants 342 trillons, 853 billions 365 millions, 695 mille 161 demi travers de main quarrés en fuperficie, & huit foixante deuxièmes.

demi travers de main quarrés.

Ci . . . 342,853,365,695161, $\frac{8}{62}$

Total de la fuperficie des isles, colonies & pof-feffions de la France, en Afie, en Afrique & en Amérique . . . .

Toutes les provinces réunies du Royaume d'Efpagne, contiennent une furface d'environ 9,600 milles quarrés . 329,139,231,067,354 $\frac{52}{62}$

Isles, colonies & pof-feffions de l'Efpagne en Afie, en Afrique & en Amérique . . . .

Toutes les Provinces réunies du Royaume de Portugal & des algarves, 2990 milles quarrés . 102,513,156,342,958 $\frac{14}{62}$

Isles colonies & pof-feffions de Portugal en Afie, en Afrique & en Amérique . . . .

Toutes les Provinces d'Angleterre avec l'Ecof-fe, l'Irlande & les isles & poffeffions qui en dé-pendent en Europe, 8 mille milles quarrés . 274,282,692,556,129 $\frac{4}{62}$

Isles, colonies & pof-
feffions en Afie, en Afri-
que & en Amérique . . demi t. de main quarrés·

. i

Les dix cercles de
l'Empire d'Allemagne ,
contiennent 11,378 mil-
les quarrés ci . . 390,098,559,489,606 $\frac{18}{62}$

Tous les Etats de l'Em-
pereur & Roi, en Alle-
magne, en Hongrie, en Po-
logne, en Italie & dans les
pays bas 9,600 milles . 329,139,231,067,354 $\frac{42}{62}$

Tous les Etats du Roi
de Pruffe 3,800 milles . 130,284,278,693,961 $\frac{18}{62}$

Suivroient ici tous les
Etats des Electeurs, Princes, Evêques , Abbés ,
Prélats, Comtes régnants,
& villes libres impériales
de l'Empire . . . i i i i

Tous les Etats du Roi
de Sardaigne, 1500 mil-
les quarrés . . 51,428,004,854,274 $\frac{14}{62}$

Tous les Etats du Roi des
deux Siciles, 2000 milles 68,570,673,139,032 $\frac{16}{62}$

Tous les Etats du Roi
de Dannemarc, 6275 mil-
les . . . 216,040,486,973,713, $\frac{1}{2}$ $\frac{12}{62}$

Isles & colonies qui en
dépendent . . . . .

Tous les Etats du Roi
de Suéde, 12800 milles 438,852,308,083,200

Tous les Etats reftants
au Roi & à la République

M 2

demi t. de main quarrés.

de Pologne, 10 mille
milles . . . 342,853,365,695,161 $\frac{8}{62}$

Tous les Etats de la
République d'Hollande
en Europe, 471 milles . 16,148,393,523,999

Isles, colonies & pof-
feffions en Afie, en Afrique & en Amerique . . . .

Tous les Etats de la
République des Suiffes,
des grifons & des pays
alliés, 1100 milles . 37,713,870,225,900

Tous les Etats de la
République de Venife,
avec fes isles, 1000 mil-
les 34,285,336,569,000

Tous les Etats de la
République de Gènes,
100 milles . . . 3,428,533,656,900

Tous les Etats de cha-
cune des Républiques de
Lucques, Raguse, St.
Marin &c. . . . . . .

Tous les Etats du grand
Maitre de Malthe, 50 mil-
les 1,714,266,828,450

Tous les Etats du Pape,
800 milles . . 27,428,269,255,200

— du grand Duc de Tof-
cane, 500 milles . 17,142,668,284,500

— du Duc de Modene,
90 milles . . . 3,085,680,291,210

— de l'Infant Duc de
Parme, 100 milles . 3,428,533,656,900

demi t. de main quarrés.

— du Duc de Courlande, 280 milles . . 11,599,894,239,320

— du Prince de Valachie, 660 milles . 22,628,322,135,540

— du Prince de Moldavie, 1600 milles . 54,856,538,510,400

La généralité des Etats de l'Empire de toutes les Russies, en Europe & en Asie, y compris la Crimé, l'isle de Taman, le Cuban, la Pologne russienne & le Kamsatchka, 250 mille milles quarrés 8,571,334,142,250,000

Tous les pays réunis de l'Empereur de la Chine, 110 mille milles . 3,771,387,022,590,000

Tous les Etats de l'Empereur du Japon, 10,050 milles . . . 344,567,631,823,611

Tous les Etats réunis du grand Mogol, 70,000 milles . . . 2,399,973,559,830,000

Tous les pays de la grande Tartarie, 59,000 milles 2,022,834,857,571,000

Tous les pays du Roi de Perse, 50 mille milles 1,714,266,828,450,000

Tous les pays réunis de l'Arabie 55,000, milles 1,885,693,511,295,000

Tous les pays de l'Empereur des Turcs, en Europe, en Asie & en Afrique, 65 mille milles . 2,228,546,876,985,000

Les Royaumes de Siam, 10,800 milles ci . 370,282,634,945,200

Les Royaumes d'Acham, d'Ava, de Pégu & d'Aracan, 15,000 milles . 514,280,048,535,000

demi t. de main quarrés.

Isle de Borneo, quinze
mille milles , .   514,280,048,535,000

Etats d'Alger, 9 mille
milles   308,568,029,121,000

Etats de Tunis , 3,400
milles . . .   116,570,144,334,600

Etats de Tripoli, 4,700
milles . . .   161,141,081,874,300

Etats de l'Empereur de
Maroc, 14,000 milles .   479,994,711,986,000

Royaume de Barca ,
4,200 milles . ..   143,298,411,589,800

Tous les pays dépen-
dants des Etats unis d'A-
mérique , trente mille
milles . . .   1,028,560,097,070,000

On réduiroit deméme en demi travers de main
quarrés, la furface de tous les Empires, Royaumes , Républiques & Etats Souverains de la
terre.

SURFACE
des 4 parties du Monde.

Nous obfervons ici, que quoique nous jugions
le continent plus étendu, que felon ce qui eft
rapporté dans la table ci-après, puifque le même auteur a porté toute la furface de la terre à 9 millions 288 mille .milles quarrés d'Allemagne, cependant nous n'avons rien voulu altérer à fes
calculs , que nous laiffons aux géographes & aux
gens de l'art , à apprécier & à fixer plus au jufte,
que cela ne paroit avoir été fait.

	milles quarrés.		demi t. de main quarrés.
l'Europa . . .	171,834	.	5,891,386,503,997,546.
l'Afrique . . .	531,638	.	18,197,187,762,870,022.
l'Asie . . .	641,092	.	21,980,034,991,693,348.
l'Amérique septen-			
trionale . .	231,192	.	7,926,495,532,060,248.
l'Amérique meridio-			
nale . . .	340,917	.	11,688,454,087,093,773.
(1).	1,916,675		65,613,578,697,714,937.

Mesures du globe terraqué.

La circonférence de la terre, est d'un billion de demi travers de main . . 1,000,000,000

Si on veut avoir la circonférence de la terre *en points ordinaires,* il suffira d'ajouter 2 *zeros* & on aura 100 *billions* . . 100,000,000,000

Si on veut l'avoir *en points microscopiques,* on ajoutera 3 *zeros,* & on aura *un trillon.* ci 1,000,000,000,000

Le diamètre de la terre, qui est à la circon-férence comme 113 à 355, donne 318 millions, 398 mille, 623 demi travers de main . 318,398,623.

Si on veut avoir le diamètre de la terre *en points ordinaires,* il suffira d'ajouter à la quantité ci-dessus 2 *zeros,* & on aura 31 billions, 839 millions, 862 mille, 300 points ordinaires ci . . . . 31,839,862,300.

Et si on veut avoir ce diamètre *en points mi-croscopiques,* il suffira d'ajouter au nombre des demi travers de main, 3 *zeros,* & on aura 318

---

(1) On ne compte pas dans le tableau ci-dessus les terres australes, toutes celles qui ont été nouvelle ment découvertes, non plus qu'une bonne partie de l'Amérique septentrionale, dont on ne connoît pas assez l'étendue.

billions, 398 millions, 623 mille points microfcopiques 318,398,623,000

La superficie de la terre, qui eft la circonférence multipliée par le diamètre, donne 318 quatrillons, 398 millions, 623 billions de demi travers de main, ouC...quarrés . 318,398,623,000,000,000.

Pour avoir cette fuperficie en points ordinaires, il fuffira d'ajouter à la quantité précédente 3 *zeros* . . . 3,183,986,230,000,000,000,000.

Et pour l'avoir en points microfcopiques, on a-joutera 6 *zeros* 318,398,623,000,000,000,000,000.

La folidité d'une fphère, eft le produit de la fuperficie multipliée par la 6ème partie du diamètre ; cette fixième partie du diamètre de la terre étant de 53 millions, 66 mille, 437 demi travers de main & un fixième, fi on multiplie par cette quantité la fuperficie ci deffus, on aura pour toute la folidité de la terre, 15 feptillons, 901 fixtillons, 120 quintillons, 521 quatrillons, 382 trillons, 688 billions, & une fixième de demi travers de main ou C... cubiques . 15,901,120,521,382,688,000,000,000$\frac{1}{6}$.

Demande. Combien y a t'il pour toute la folidité de la terre, de points cubiques ordinaires ?

Réponfe. En ajoutant 6 *zeros* à la quantité ci-deffus, on aura 15 neuftillons, 901 octillons, 120 feptillons, 521 fixtillons, 382 quintillons, 688 quatrillons, 166 mille, 666 points cubiques ordinaires & $\frac{2}{3}$èmes ou $\frac{2}{3}$ de points

ci 15,901,120,621,382,688,000,000,000,166,666$\frac{2}{3}$

D. Combien y a t-il pour toute la folidité de la terre de points microfcopiques cubiques ?

R. En ajoutant au nombre ci-deffus des demi travers de main, 9 *zeros*, on aura 15 dixtillons, 901 neuftillons, 120 octillons, 521 feptillons, 382 fixtillons, 688 quintillons, & 53 millions 66 mille 437 points microfcopiques cubiques, & une fixieme de point .

15,901,120,521,382,688,000,000,0000530664376$\frac{1}{6}$

D. Comme toute la circonférence de la terre
eſt d'un billion de demi travers de main en longueur, & comme chacun eſt la cinquième partie
d'une face ou d'une longueur de main, & la
moitié d'un travers de main, ou deux travers
de doigt communs; combien a-t-elle de ces parties?

R. La circonférence de la terre entière, à 200
millions de faces, & de longueurs de main; 500
millions de travers de main; & deux billions de
travers de doigt.

D. Si l'on ſuppoſoit que le globe entier de la
terre, ne ſeroit occupé que par de l'or fin ou de
coupelle, combien contiendroit-il de demi travers de main cubiques?

R. 15 ſeptillons, 901 ſixtillons, 120 quintillons, 521 quatrillons, 382 trillons, 688 billions
de demi travers de main d'or fin cubiques, &
un ſixième

ci . . 15,901,120,521,382,688,000,000,000$\frac{1}{6}$

D. Et combien contiendroit-il de pondes d'or
fin?

R. Il contiendroit la même quantité de pondes, que de demi travers de main cubiques

ci . . 15,901,120,521,382,688,000,000,000$\frac{1}{6}$.

D. En ſuppoſant que tout l'emplacement du
globe de la terre, ne ſeroit occupé que par de
l'eau de pluie diſtillée en été, à dix degrés audeſſus de *zero* du thermomètre de *Reaumur*, ou
bien, par du vin de Bourgogne, combien de demi travers de main cubiques contiendroit-il?

R. Il en contiendroit le même nombre, que
de demi travers de main cubiques d'or

ci . . 15,901,120,521,382,688,000,000,000$\frac{1}{6}$

D. Et combien contiendroit-il de pondes & de
bouteilles?

R. En ſuppoſant que la raiſon du ponde d'or
fin, au ponde d'eau diſtillée ou de vin de Bour-

gogne, seroit comme 1 à 19 ⅔, suivant la table ci-devant rapportée, page 148, ou plutôt en chiffres ronds, comme 1 à 20, alors tout l'emplacement du globe, contiendroit 795 sixtillons, 562 quinil. lons, 559 quatrillons, 134 trillons, & 400 mil. lions de pondes, & de bouteilles d'eau distillée, ou de vin Bourgogne
ci 795,562,559,134,400,000,000

D. Si on suppose que tout l'emplacement du globe, ne contiendroit que de la terre, combien Peseroit-il de pondes ?

R. En supposant que la raison du ponde d'eau distillée, au ponde de terre, seroit comme de deux à un, c'est-à-dire, que compensation faite des pierres & des métaux qui pesent plus, avec les matières qui pesent moins, la terre peseroit le double juste de l'eau distillée, alors le globe entier peseroit 1 septillon, 591 sixtillons, 124 quintillons, 118 quatrillons, 268 trillons, & 800 billions de pondes
ci 1,591,124,118,268.800,000,000,000

D. Si l'on supposoit que toute la solidité du globe ne seroit occupé que par de l'air, combien peseroit-il de pondes ?

R. Comme suivant la table ci-dessus mentionnée, l'air à une pesanteur mille fois moindre que l'eau, en rétranchant au produit des pondes d'eau 3 zeros, on aura 795 quintillons, 562 quatrillons, 559 trillons, 134 billions & 400 millions de pondes d'air
ci 795,562,559,134,400,000,000

D. Toute la superficie de la terre est, comme on l'a établi ci-dessus, de 318 quatrillons, 398 trillons & 623 billions de demi travers de main; en supposant que l'eau occupe de cette superficie 198 quatrillons, 398 trillons & 623 billions de demi travers de main, c'est-à-dire près des deux tiers, il ne resteroit plus pour la surface du continent, que 120 quatrillons; l'on suppose que le

monde existe depuis 5788 ans; qu'il y a eu 3
générations à chaque siècle, ce qui fait 174 générations; & que chacune ait été de 600 millions d'habitans, (compensation faite du très-petit nombre qu'il pouvoit y avoir au commencement du monde, avec les tems postérieurs;) ce
qui fait en tout 104 billions & 400 millions
d'individus; or, dans tous ces cas, combien resteroit-il de demi travers de main ou col... quarrés, à cultiver par chaque personne, si elles
étoient encore toutes vivantes ?

R. Il resteroit à chacune 1 million, 149 mille,
573 demi travers de main quarrés; ou *beaucoup
plus qu'un demi arpent de Paris*; espace de
terrein, dont le produit seroit encore suffisant pour
procurer à chacun de quoi l'habiller, le chauffer,
le loger & lui fournir pendant toute l'année, *une
complette nourriture* . . . . . . 1,149,573.

D. En supposant qu'il y ait actuellement sur
la terre *un billion d'habitans*, si on leur parta-
geoit le terrein par égalité, comme autrefois à
Sparte, combien resteroit-il de possession à chacun?

R. 120 billions de demi travers de main quarrés, ou 5 mille 616 arpens & demi mesure de
Paris, environ 120,000,000,000

D. En supposant qu'il n'y ait que la moitié
de ce territoire qui soit susceptible de culture &
d'amélioration, (encore qu'il y en a peut-être
plus des trois quarts), combien resteroit-il encore
de terrein, à chacun des mille millions qu'il
peut y avoir d'habitans sur la terre?

R. Au moins 2 mille 808, à 3 mille arpens
de terre, mesure de Paris, 3,000 arpens.

D. Il est constaté par l'expérience qu'un arpent de Paris rapporte ordinairement 7 à 8 septiers de froment, ce qui est beaucoup plus que
suffisant pour la nourriture de 3 personnes pendant une année, en y comprenant les enfans; en

suppofant, qu'il y ait un billion d'habitans fur la terre, combien y auroit-il environ *d'arpens défrichés* fur toute la furface du globe?

R. Il y aurait 333 millions 333 mille, 333 arpens & un tiers, qui font la fomme de 710 trillons, 533 billions, 443 millions, 733 mille, 911 demi travers de main quarrés ci 710,533,443,733,911

D. Au lieu de la quantité précédente, fuppofés qu'il y ait un billion d'arpens de Paris qui font *défrichés*, fur toute la furface de la terre, combien cela feroit-il en demi travers de main quarrés?

R. Cela feroit 2 quatrillons, 131 trillons, 600 billions, 331 millions, 191 mille 733 demi travers de main quarrés ci 2,131,600,331,191,733.

D. Combien refteroit il donc encore de demi travers de main quarrés à défricher, & à mettre en valleur?

R. Au moins 40 à 60 quatrillons, déduction faite des terres inhabitables ou indéfrichables, par l'excès du froid, du chaud, ou de la dureté du terrein; c'eft-à-dire, au moins 20 à 30 fois autant qu'il y en a préfentement de cultivés . . . . . . 60,000,000,000,000,000.

D. Si on déduit les bois, l'emplacement des rivieres, des fleuves, des lacs, des jardins, des maifons, des chemins &c., combien refteroit - il encore de terres à défricher?

R. Au moins 10 à 12 *fois autant*, qu'il en a été défriché & mis en valleur *depuis que le monde exifte*; c'eft-à-dire au moins 24 à 25 quatrillons ci , ... 25,000,000,000,000,000.

Ainfi, l'on apperçoit d'une maniere affez fenfible, que fi c'étoit la volonté & le bon plaifir *des auguftes Souverains* qui régiffent les peuples, *d'exécuter notre ouvrage fur les défrichemens des terres incultes*, qui eft fous leurs yeux, & de lever, conformément à fes difpofitions précifes, *fimplement les obftacles que nous avons indiqué*, & qui s'oppofent réellement à *l'exécution de ces défrichements*, dont ils recueilliront les premiers avantages, ils pourront facilement diminuer *la grande mifère publique qui exifte*, & procurer à *leur fujets du pain*, & *la véritable richeffe & profpérité!* (1)

On jugera que nous aurions pu pouffer le tableau que nous venons de donner beaucoup plus loin ; nous nous bornerons quant à préfent à celui-ci ; en invitant les gens de l'art, à s'occuper de cette belle partie, & à la traiter plus en détail, & avec plus d'exactitude que nous n'avons pu le faire. Nous venons à un autre objet non moins important, favoir, aux mefures des corps céléftes, & à celles des corps microfcopiques.

Mefures des objets aftronomiques.

A la fuite des opérations que nous venons de détailler, en fuccéderoit une autre, favoir : celle de la connoiffance du ciel, telle qu'elle fubfifte actuellement, & de la réduction en demi travers de main de tous les objets qui font le fujet de l'aftronomie, cette fcience qui nous paroit faire d'autant plus d'honneur aux hommes, qu'elle les approche pour ainfi dire *de la Divinité*, dont elle leur enfeigne les grandes merveilles !

On commenceroit par donner les dimenfions, rélativement à la nouvelle mefure, des télesco-

<hr/>

(1) *Cet ouvrage eft intitulé :* Effai de bien public, ou mémoire raifonné pour lever, à coup fûr, tous les obftacles qui s'oppofent à l'exécution des défrichements & deffechements ; faire mettre en valleur, par des moyens fimples & avantageux à tout le monde, toutes les terres & fonds incultes quelconques ; & pour perfectionner l'art de l'agriculture. *Il fe trouve* à Bâle *chez* SERINI, Libraire.

pes & des différens inftrumens dont on fe fert
pour fixer les aftres, & la valleur en demi travers de main, dont ils rapprochent ou grofliffent
les objets. Comme les aftronomes en ont dejà
donné des tables affez exactes, nous ne nous
permettrons pas de les donner ici, puifqu'elles
ne feroient qu'augmenter fans beaucoup de néceffité, ce volume. Il ne fera queftion que de
les confulter, & de les transcrire & réduire aux
dimenlions des nouveaux demi travers de main,

Après cela, il nous femble qu'il feroit utile
qu'on format *idéalement*, *un efpace des cieux*,
dont la circonférence feroit par exemple *d'un
centillon* de demi travers de main ; fon diamètre
feroit parconféquent de 318 *quatrevingt dixneuftillons*, 398 *quatrevingt dixhuitillons*, & 623
quatrevingt feptillons, & un fixième de demi travers de main ; ce diamètre feroit cenfé *atteindre
des deux bouts l'Empirée*, c'eft-à-dire, *la réfi-
dence de Dieu*, d'où il voit, & gouverne, avec
une fageffe auffi admirable que prodigieufe &
infinie, *des millions*, & peut être *des billions,
ou des quantités innombrables de mondes habités !* dans cet espace *d'un centillon de demi travers de main*, on défigneroit la place du foleil,
de la lune, de la terre & des autres planetes,
ainfi que de toutes les étoiles, les cométes, &
les globes lumineux & opaques qui fe trouvent
dans le ciel, avec l'évaluation en demi travers
de main, & en nouvelles heures, minutes, fecondes, & tierces de leur diftance de la terre
ou du foleil ; de l'étendue des cercles ou ellipfes
qu'ils décrivent ; de la viteffe de leurs mouve-
ments, de leur groffeur, rélativement à la terre,
de leur poids, fi cela eft poffible, *en pondes*, &
enfin, de tout ce que ces corps immenfes peuvent avoir d'intéreffant, de curieux & de rémarquable. L'on poferoit décidement en fiftème, que
toutes les étoiles forment autant de *fiftemes pla-*

nétaires, c'est-à-dire qu'elles font *autant de fo-*
leils, qui éclairent différentes planetes, ou mondes habités qui roulent autour.

Les tables ci-après paſſant pour être des meil-
leures qu'il y ait, nous les avons choiſi de pré-
férence pour en faire l'évaluation en demi travers
de main. (Voyés d'autre part.)

On procéderoit deméme à l'évaluation de la
diſtance, de la viteſſe du mouvement, du diamètre, & de la ſphère ou grandeur de toutes les
cométes & étoiles qn'on appelle fixes ou erran-
tes; de leur poſition dans le grand cercle d'un
centillon de demi travers de main, & des autres objets rémarquables qui peuvent les concerner. Le ciel étoilé feroit diviſé comme à l'ordinaire, en partie du milieu, ou zodiaque, qui
renferme 12 conſtellations; en partie ſeptentrio-
nale, qui en renferme 21, & en partie méridio-
nale qui en contient 27; les 12 lignes du zodiaque feroient *pour la régularité* réduits à 10,
comme les mois, ou plutôt, on ſupprimeroit tout-
à-fait leur nomenclature inutile & celle d'autres
parties. Toutes les étoiles de chaque conſtellation
feroient numérotées, depuis la première ju'qu'à
la dernière. Ces numeros pourroient peut être
fervir, avec plus d'avantage, pour déligner les
étoiles & d'autres aſtres, que la plûpart de ces
noms fort difficiles à retenir, qui font en uſage,
& auxquels n'ont donné lieu que *d'anciennes ſu-*
perſtitions & fables. On les calculeroit de manière qu'il reſterait encore aſſez d'eſpace entre deux
étoiles qui paroitroient proches l'une de l'autre,
à l'œuil nud, pour qu'il puiſſe rouler autour, *des*

---

(1) Nous avons porté le mille géographique à 185
mille, 164 demi travers de main, au lieu de 185, 163
& $\frac{2}{3}$ paſſés, pour faire le compte rond; nous avons
jugé qu'une ſi petite fraction eſt trop peu de choſe ſur
de ſi grandes diſtances,

	Distance de la terre, en milles géographiques, aux astres ci-après.		Evaluation en demi travers de main de la distance.	
	La plus grande.	La plus petite.	La plus grande.	La plus petite.
Soleil .	20,460,950.	19,786,050.	3,796,636,900,790.	3,663,668,458,990.
Mercure .	29,849,460.	10,407,540.	5,525,176,935,440.	1,925,101,536,560.
Venus .	35,119,820.	5,128,180.	6,502,926,550,480.	449,554,381,520.
La terre .				
La lune .	54,904.	46,563.	10,146,224,236.	8,421,791,332.
Mars .	53,985,000.	7,359,240.	9,996,078,540,000.	1,358,962,835,360.
Jupiter .	150,211,740.	79,115,700.	24,110,526,425,360.	14,649,379,474,800.
Saturne .	223,139,900.	162,800,820.	41,317,476,443,600.	29,774,411,936,080.

	Diamètre, grandeur & vitesse, en milles géographiques, des astres ci-après.			Evaluation en demi travers de main, & en nouvelles mesures de tems.		
	diamètre.	solidité.	vitesse en une seconde	diamètre.	solidité.	vitesse dans l'espace des tems. nouv. mes. des tems.
Soleil .	180,194.			33,352,560,336.		
Mercure .	628.		6	116,282,992.		
Venus .	1,615.		4	299,039,860.		
La terre .	1,720.	9,288,000.	$3\frac{2}{3}$	318,482,080.	comme ci-devant.	
La lune .	460.		1	83,175,440.		
Mars .	920.		$2\frac{1}{2}$	170,350,880.		
Jupiter .	18,920.		$1\frac{1}{3}$	3,503,302,880.		
Saturne .	16,340.		$\frac{1}{3}$	3,025,379,760.		

de tous les poids & mesures.

Planetes.	Révolution tropique des planetes.	Rotation sur l'axe.	Evaluation en nouvelles heures; min., sec. & t. de la rév. trop. des planetes.	Evaluation de la rotation des planetes nettes sur leur axe.	Distances du soleil, en milles géographiques, aux planetes ci-après. (1)		Evaluation en demi travers de main de la distance.	
	an. jours. h. m. s.	jours. h. m.	an. jours. h. m. s. t.	jours. h. m. s. t.	La plus grande.	La plus petite.	La plus grande.	La plus petite.
Soleil .		25. 14. 8.		25.				
Mercure .	0. 87. 23. 14. 26.	— inconnu	0. 87.	— inconnu.	9,378,420.	6,186,840.	1,734,553,760,880.	1,145,580,841,760.
Venus .	0. 224. 16. 41. 32.	0. 23. 20.	0. 224.	0.	14,655,084.	14,453,160.	2,693,694,281,776.	2,654,204,918,240.
La terre .	1. 0. 5. 48. 45.	1. 0. 0.	1. 0.	1.	20,460,980.	19,786,020.	3,786,636,900,720.	3,663,658,607,280.
La lune .	0. 27. 7. 43. 5.	27. 7. 43.	0. 27.	27.	20,515,884.	19,731,116.	3,798,803,124,976.	3,653,499,363,044.
Mars .	1. 321. 23. 18. 27.	1. 0. 40.	1. 321.	1.	33,523,660.	27,801,220.	6,307,374,980,240.	5,147,785,100,080.
Jupiter .	11. 315. 8. 58. 27.	0. 9. 56.	11. 315.	0.	109,749,760.	99,577,624.	20,321,504,560,640.	18,438,191,150,336.
Saturne .	29. 164. 7. 21. 50.	— inconnu.	29. 164.	— inconnu.	202,677,990.	181,562,200.	37,538,654,378,880.	33,763,934,000,800.

N

mondes *habités,* ou *des planetes ou corps opaques,* auxquels ces étoiles, *comme autant de foleils,* communiquent *la lumiere & la vie.* Seroit-il probable que Dieu, dont la puissance & la sagesse infinies se produisent jusques dans les moindres créatures, *jusques dans les objets microscopiques!* dont il va être question, ait créé *pour rien,* ou pour le simple spectacle de la vue, *des corps aussi énormes* que les étoiles, devant lesquelles tout le globe de la terre n'est *qu'un grain de sable, ou un petit tas de boue?* non sans doute; cet être immense, incompréhensible & infiniment parfait, n'a rien fait inutilement, & qui ne figure à ses grands desseins, d'une manière qui y soit proportionnée; au surplus, nous déclarons que nous ne prétendons adopter ce sistême, qu'autant que nous n'en serons pas dissuadé par des raisons plus fortes & plus convaincantes que celles-ci. L'étoile la plus proche, seroit supposée être à une distance de deux billions de milles géographiques, faisants 370 trillions, 328 billions de demi travers de main, & l'étoile la plus éloignée d'environ un *quatre-vingt quinze tillons* de milles géographiques, faisants *370 quatre-vingt-seize tillons* & *328 quatre-vingt quinze tillons de demi travers de main;* toutes ces distances sont énormes, & presqu'inconcevables, nous l'avouerons; mais, c'est ainsi *répondrons nous,* qu'elles ont été fixées, ou conjecturées par les Astronomes, & par les gens de l'art. C'est à leurs observations & à leurs jugemens que nous nous en rapportons à cet égard. Ce n'est qu'à l'aide de ces distances considérables, qu'on peut *expliquer le sistême immense* de la révolution de tous les globes que nous voyons au dessus & au dessous de nous, & *le miracle de la création,* dont le prodige, destiné à donner une idée, quoique fort incomplette, de la magnificence, de la grandeur & de la perfection infinies de SON DIVIN AUTEUR, surpasse de beaucoup l'entendement, & *les données des faibles mortels!*

Nous ne nous arrêterons pas ici, à donner le Catalogue des différentes étoiles, comètes & autres corps lumineux & opaques, rangés dans l'ordre des constellations sous lesquels on les comprend & on les place, puisqu'ils sont trop nombreux. Il nous suffira de dire, qu'il conviendroit de procéder aussi, dans la table générale, à l'évaluation en demi travers de main de leur distance, & des divers objets qui y ont rapport, & qui sont sujets à être évalués.

Nous passons des objets *considérablement grands*, aux objets *considérablement petits*, c'est-à-dire à ceux qu'on appellé microscopiques.

Mesures des objets microscopiques.

C'est ici, que se déploye d'une manière non moins admirable & prodigieuse, la puissance, l'économie, & la sagesse infinie du Créateur; nous entendons parler des objets microscopiques; qui le croiroit? qu'il existe dans la nature, des objets *même vivants*, qui sont plus petits, non seulement qu'un point ordinaire, mais qu'un de nos points microscopiques de nouvelle invention? si on n'avoit pas lieu de s'en assurer, d'une manière à n'en pouvoir d'outer, puisqu'on peut les voir de ses propres yeux; à l'aide d'un microscope, pour être *conformés comme les plus gros animaux*, & pour être sémillans & pleins de vie? c'est ici, que se confond toute la science humaine, déja si infatuée & si enorgueillie de ses foibles succès; c'est ici, un sujet bien propre à exciter dans les humains, vis-à-vis DE L'ÊTRE SUPRÈME, les plus vifs sentimens d'étonnement & de stupéfaction!

Comme nous jugeons que ces objets microscopiques seroient un point de la plus grande curiosité & importance, qu'on ne devroit pas passer sous silence dans la table des évaluations que nous proposons, on les y infereroit aussi. Nous

N 3

choififons ceux des objets microfcopiques que nous connoiffons. Nous ne parlons pas de beaucoup d'autres, lesquels nous penfons qu'on devroit bien fe garder d'omettre.

Il nous femble qu'on devroit d'abord commencer cette opération, en donnant une table détaillée des microfcopes fimples & compofés, de la force de leurs verres, & combien de fois ils groffiffent le diamètre, la furface & le cube des objets, felon la diftance du foyer de ces mêmes verres. Cette table, évaluée en points du pied de Paris, feroit réduite à l'évaluation des points ordinaires & microfcopiques du demi travers de main.

Viendroient enfuite tous les objets microfcopiques connus, & les plus communs, à peu-près, fuivant les exemples qui fuivent, & qui font deftinés à tracer la voye.

Il eft fuffifamment connu, que *la mite*, eft au plus de la groffeur d'un point du pied de Paris, ou bien, de cinq points microfcopiques; en procédant à l'évaluation de fes parties, voici à peuprès la méthode fuivant laquelle nous jugeons qu'on pourroit s'y prendre.

	Points de Paris.	Nouv. points ord.	Points microfcopiques.
La groffeur d'une mite ordinaire	1	$\frac{1}{2}$	5
Son corps, fuppofé quatre cinquièmes de toute fa fubftance			4
Sa tète fuppofée la cinquième partie de toute fa fubftance			1
Son cou fuppofé le quart de la tète			$\frac{1}{4}$
Son mufeau, fuppofé la dixième partie du col			$\frac{1}{40}$ème
Ses deux yeux, fuppofés la dixième partie du mufeau			$\frac{1}{500}$
Un oeuil, fait parconféquent la moitié de la quantité précédente			$\frac{1}{1,000}$

	Points de Paris.	Nouv. points ord.	Points microfcopiques.
Ses pattes, fuppofées en diamètre la dixième partie d'un oeuil .	. . .	. . .	$\frac{1}{10.555}$
Ses petites foyes prefqu'imperceptibles, qu'on apperçoit, font au plus le quart en grofleur du diamétre d'une patte. . . .		.	$\frac{1}{45.555}$
C'eft un fait conftant, que le plus petit cheveu, ou la plus petite foye poffible, a une racine, des tuyaux intérieurs, & une moëlle, par laquelle il s'entretient, & qui lui donne fa nourriture. Il s'enfuit delà, que le diamétre d'une pareille petite foye, doit pouvoir fe divifer encore au moins en cinq partie, favoir : dans les deux écorces du tuyau, qui font latérales ; dans celles qui font au-deffus & audeffous; & dans la moëlle intérieure ; ci pour la cinquième partie	. . .	. . .	$\frac{1}{200.000}$

Réduction à la valleur du nouveau point microf-
copique, des animaux microfcopiques qu'on
apperçoit dans l'eau de poivre.

On diftingue ordinairement les animaux microfcopiques de l'eau de poivre en 6 efpèces; dont
on détailleroit les différentes parties comme celles de la mite.

On eftime communément, que les animaux
de l'eau de poivre de la première efpèce, font
de la longueur d'environ le diamètre d'un cheveu, ou de la 600ème partie d'un pouce du pied
de Paris, & que leur largeur eft quatre fois moindre; on eftime, que ceux de la feconde & troifième efpèce, font d'une longueur d'environ le
tiers des précédents; que ceux de la quatrième
efpèce, font de la 100ème partie du diamètre
d'un cheveu; & que ceux de la cinquième & de

la sixième espèce, dont la figure paroît au microscope, presque ronde, sont si petits, que plus de 100, pourroient être rangés en ligne, sur le diamètre du plu petit grain de sable; parconséquent, il en faudroit plus d'un million, pour égaler le volume de ce grain de sable.

Le corps, la tête, le col, les pattes, les yeux, les œufs, les petites soyes de ces animaux, & tout ce qui y est rélatif, seroit détaillé & évalué dans la nouvelle table avec la plus grande exactitude, & leurs dimensions principales seroient fixées.

Il est certain, qu'en se servant de la méthode que nou indiquons, c'est-à-dire, en comparant les animaux dont nous venons de parler, & toutes leurs parties, à un étalon juste & invariable, *tel que le demi travers de main*, & *à son point ordinaire ou microscopique*, il seroit beaucoup plus facile de déterminer la proportion de ces animaux vivants, & de tous les autre , vis-à-vis par exemple, d'une goutte d'eau dans laquelle ils nagent, & dans laquelle ils vivent & se nourrissent & qui, consideré leur extrême petitesse, ne peut qu'être à leur égard, UN OCÉAN!

Telle est à peuprès la méthode, suivant laquelle nous désirerions que la table générale des différentes évaluations fut dressée; s'il y a des objets essentiels que nous aurions omis, nous laissons à la prudence des personnes qui seront chargés de la confection de cette table, d'y suppléer. Si cette table étoit bien dressée pour Paris, ou pour la capitale du premier Royaume, Empire, République ou Etat où on trouveroit bon de d'exécuter cet ouvrage, il sera alors assez facile de l'imiter dans toutes les autres villes & pays.

On feroit néanmoins attention, que lorsque le demi travers de main, le ponde & la bouteille auroient été bien fixés dans un pays, où on auroit commencé à exécuter cet ouvrage, ces étasons fussent pris *pour régles, dans tous les autres pays où on se proposeroit de l'exécuter pareillement,* afin qu'ils soient *les mêmes dans le Monde entier*; sans quoi, il seroit à craindre, que par une suite de nouvelles opérations, par lesquelles on en fixeroit la valleur dans un pays différent, il ne se rencontre souvent *quelque petite différence des étalons d'un Etat à ceux d'un autre,* source de *beaucoup d'erreurs & d'inconvéniens.*

Il est inconcevable, combien on a souvent de peines à réduire les poids & mesures d'un pays à ceux d'un autre, & quelques fois ceux d'un endroit à ceux d'un lieu très prochain. On est obligé de faire à cet égard des mesurages & des calculs immenses, qui font perdre beaucoup de tems; & avec cela on parvient encore difficilement à en avoir le rapport juste, ce qui produit souvent pour les personnes qui y sont intéressées des erreurs & des pertes de tems considérables.

Une table qui les contiendroit exactement seroit donc bien utile, & même bien nécessaire.

C'est pour faire jouir tout le monde de cet avantage, que nous avons établi qu'elle seroit dressée, ainsi que nous en avons donné le modèle; étant imprimée & entre les mains de tout le monde, cela couperoit racine à bien des difficultés, puisqu'elle seroit une seconde espèce d'étalon & de boussole pour se diriger.

On juge que cette table devra être faite avec la plus grande exactitude, calculée & mise en ordre par les meilleurs maîtres; c'est une tâche qui pourroit bien, ce semble, convenir aux membres de *quelqu'illustre Académie,* à qui on voudra la confier, & qui seroient les plus versés dans cette partie. Ce n'est qu'après qu'elle auroit été corrigée, revue & augmentée *par la compagnie,* qu'elle seroit livrée, *pour être transcrite dans l'Edit.* S'il y a un service, qu'aucune des Académies du monde auroit rendu à l'humanité,

ce feroit celui-ci ; puifque, confulter les intérêts
de fes concitoyens, les éclairer ; leur tracer la
route qu'ils doivent tenir pour ne pas être in-
duits en erreur, c'eft bien l'ufage le plus noble,
qu'on puiffe faire des fciences.

La manière la plus fimple & la plus naturelle,
dont on pourroit parvenir à dreffer la table dont
il s'agit, ce feroit, ce femble, de la part des
Gouvernements, *de faire expédier un ordre* aux
Officiers de Police de toutes les villes, bourgs,
villages, habitations, hameaux, châteaux, fermes
& lieux de chaque Royaume, Empire, République ou Etat, pour qu'ils euffent à déclarer 1.° tous
les poids & mefures qui font en ufage dans le
lieu qu'ils habitent, de quelqu'efpèce qu'ils foient,
fuivant le détail qu'on leur en donneroit dans
un modèle imprimé qu'on leur envoyeroit; 2.° de
défigner ainfi que cela feroit porté par le même
modèle, leur rapport aux poids & mefures de Paris, ou de la capitale de chaque Etat, & de
les y tranfcrire. 3.° Le rapport, qu'ils penfent
que ces poids & mefures ont avec le nouveau demi travers de main, ponde & bouteille mentionnés dans le préfent ouvrage, qui leur feroit envoyé, afin de mieux faifir l'efprit du nouveau
fiftème de l'uniformité des poids & mefures, ainfi
que le rapport de ces nouveaux étalons aux poids
& mefures des anciens. 4°. D'envoyer par la
porte ou par les voitures publiques, après avoir
dreffé procès verbal modélé du tout, qu'ils fig-
neront, leurs étalons matrices au Gouvernement,
qui les feroit paffer *aux Commiffaires de l'Académie*, pour les vérifier & pour les fixer défi-
nitivement dans le Catalogue général qu'ils dref-
feroient, pour être joint à l'Edit à intervenir.

Pour ce qui concerne les poids & mefures des
pays étrangers, *l'Académie* demanderoit à cet
égard les fecours de fes correfpondants, particulièrement ceux des perfonnes qui compofent
le Miniftère, le Confeil ou la Régence de chaque

Souverain; on ne doute pas que, dans tous les Etats policés, tels que ceux de l'Europe, non feulement on ne fe préteroit pas à une pareille demande, mais qu'on fe porteroit avec plaifir & avec empreffement à donner un pareil tableau de la réduction des poids & mefures du pays, ou de la fouvéraineté; avec d'autant plus de raifon, que, *par les offres de la réciprocité*, on entre-roit dans la jouiffance des mêmes avantages, fans compter ceux qui réfulteroient de la plus grande facilité du commerce entre les fujets de chaque Souverain.

Pour ce qui concerne les pay- hors de l'Eu-rope, dont les chefs, qui feroient encore plon-gés dans l'ignorance, la fuperftition, le defpo-tifme & la barbarie, *ne fe foucieroient pas*, de faire donner de pareils renfeignemens, *on ne les permetteroient pas*, on s'adrefferoit alors aux négo-ciants Européens fur les lieux, defquels on pren-droit les inftructions, dont on feroit ufage comme on pourroit mieux.

On nous fera peut-être les objections qui font rapportées dans un livre célèbre, trop admiré par les perfonnes qui ne l'entendent pas, & qui n'eft peut être qu'un tiffu d'erreurs & de para-doxes de toutes les efpèces; (voyez l'Efprit des Loix *par M. le Préfident de Montefquieu*, au li-vre 29 chapitre 18, intitulé: *des idées d'unifor-mité*;) comme nous ne croyons pouvoir mieux faire voir la vérité qu'en tranfcrivant les difficul-tés, auxquelles nous répondrons, nous allons y fatisfaire.

„ Il y a, dit-on, de certaines idées d'unifor-
„ mité qui faififfent quelquefois les grands ef-
„ prits, (car elles ont touché *Charlemagne.*)
„ mais qui frappent infailliblement les petits?

Réponfe. Ces idées d'uniformité ont dans tous les tems non feulement frappé les petits efprits, mais encore les plus grands, fans excepter Char-lemagne, qui, foit dit en paffant, pouvoit être un vaillant, ou heureux guerrier, fans être un grand efprit, dont on ne voit pas les preuves qu'il en a donné.

„ Ils (les petits efprits) y trouvent un genre
„ de perfection qu'ils réconnoiffent, parcequ'il
„ feroit impoffible de ne pas le découvrir?

R. S'il eft impoffible de ne pas découvrir dans les idées d'uniformité un genre de perfection, cela eft donc dans l'ordre de la nature, & cela doit être auffi commun aux grands efprits qu'aux petits. Il nous femble que les grands efprits ainfi que les petits, doivent donner la préférence à une machine qui remplit bien fes fonctions, & qui eft facile à diriger, parcequ'elle eft compofée de reffors fimples & uniformes, plutôt qu'à une autre qui ne rempliroit pas auffi bien ces mêmes fonctions, & qui ne fe dirigeroit qu'à force de bras, parceque fes roues & fes refforts feroient tellement multipliés & compliqués, qu'elle feroit prefque toujours dérangée.

„Les mêmes poids dans la Police, les mêmes
„ mefures dans le commerce, les mêmes loix
„ dans l'Etat, la même réligion dans toutes fes
„ parties?

R. Oui fans doute; & on n'éprouve aujourd'hui que trop, les inconvéniens de l'inuniformité des poids, des mefures & des loix dans l'Etat, de même qu'on a reffenti autrefois & qu'on reffent encore les inconvéniens de la différence des réligions, qui n'ont produit que des guerres, au moyen de quoi il y a eu des fleuves de fang verfés. Ces guerres, quoique moins fanglantes, fubfiftent encore aujourd'hui dans toutes leurs parties. Le grand nombre de procès, & toutes les erreurs, les tromperies, les fraudes & les vols de bien des efpèces qui ont lieu dans prefque toutes les conditions de l'Etat, & qui rempliffent fouvent de défefpoir ou font mourir de chagrin ou de mifere une quantité des meilleurs citoyens, ne font autre chofe qu'une autre efpèce de guerres, réfultantes de la confufion &

de l'inuniformité des poids, des mesures & des loix, lesquelles ne sont pas moins funestes & terribles que les premières.

„ Mais cela est-il toujours à propos sans exception ?

R. Oui, sans contredit, demême qu'il est toujours à propos que l'ordre règne plutôt que la confusion.

„ Le mal de changer est-il toujours moins „ grand que le mal de souffrir ?

R. Nous distinguons: si les ordonnances qui changent quelque chose dans l'état, sont justes & bien faites, alors il n'y a pas de mal de changer, & le public au lieu de souffrir en récueillit de véritables avantages; mais si elles sont erronées, & remplies de contradictions, si elles n'ont pour but le bien public qu'en apparence, & non pas en réalité, alors, nous convenons que le changement ne produit souvent pour le public qu'une augmentation de souffrance.

Or, quand on rendra uniformes les différens poids & mesures qui ne l'étoient pas, nous entendons que les ordonnances à ce sujet seront justes, & telles que nous les avons proposé. Si on fait aux différentes dispositions de notre ouvrage des changemens ou des modification qui le défigurent absolument, il est possible qu'il y ait presqu'un aussi grand mal de changer l'inuniformité des poids & mesures, qu'il y a aujourd'hui de mal à en souffrir les inconvéniens.

„ Et la grandeur du génie ne consisteroit-elle „ pas mieux à savoir dans quel cas il faut l'uni-„ formité, & dans quel cas il faut des différen-„ ces ?

R. S'il faut quelques petites différences dans les loix de la Police, rélativement aux climats, aux terreins ou à des circonstances particulières, comme par exemple, de régler la vendange pour le jour où la communauté du ban jugera que les raisins sont murs, on ne doit pas conclure delà, qu'il doive y avoir aussi des différences pour les poids & mesures, & même pour les loix de la justice dans un seul & même Etat; & il saute aux yeux des grands génies comme des petits, qu'il vaut mieux qu'il n'y ait que 3 *étalons* de mesures que *plus de 500 mille*, dès que, par ces 3 étalons on remplira les vues de ce grand nombre, aussi bien, & encore infiniment mieux.

„ A la Chine les Chinois sont gouvernés par
„ le cérémonial Chinois, & les Tartares, par le
„ cérémonial Tartare?

R. Si c'est un usage ou une mode établie chez les Chinois & chez les Tartares, que ces peuples ayent un cérémonial composé d'un plus grand ou d'un plus petit nombre de Simagrées, il n'est pas à dire que ce soit une loi pour l'administration de la justice, de la police, des finances, du commerce, de l'agriculture, & du Gouvernement intérieur & extérieur. Ces peuples peuvent sans doute être régis par des loix fondées sur la justice & l'ordre, mais ces loix sont bien différentes d'un simple cérémonial.

Une pareille proposition ne figureroit sans doute pas mal à côté de celle du même auteur, & qu'il a fait regner dans tout le corps de son ouvrage, où il prétend, que le principe du Gouvernement républicain consiste *dans la vertu*; celui du Gouvernement monarchique *dans l'honneur*; & celui du Gouvernement despotique *dans la crainte*. Ainsi donc, la véritable vertu ne peut subsister que dans les républiques? elle doit être exclue des monarchies, où, suivant l'auteur, ne doivent regner que quelques frivols préjugés d'un prétendu honneur que le Souvérain établira, changera ou abrogera suivant son plaisir. Le citoyen qui aura le malheur d'être né sous le Gouvernement d'un chef despotique, sera obligé de suivre toutes ses fantaisies, & non pas la raison & le sens commun; il sera obligé

de le craindre continuellement, & non pas de
l'aimer, & de lui obéir, même dans les chofes
les plus injuftes. Qui eft-ce qui ne voit pas
l'erreur & tout le ridicule de femblables principes ?

„ C'eft pourtant le peuple du monde qui a le
„ plus la tranquillité pour objet ?

R. En avouant que ces peuples, ainfi que
tous ceux du monde ont la tranquillité pour objet, *en exceptant néanmoins un peu le peuple
Tartare,* nous difons qu'il ne s'enfuit pas que
c'eft de leur vain cérémonial qu'ils fe la procu-
rent, ni de l'inuniformité des poids, des mefures
& des loix.

„ Lorfque les citoyens fuivent les loix, qu'im-
„ porte qu'ils fuivent la même ?

R. Nous difons qu'il importe heaucoup que
les citoyens d'un même Etat fuivent plutôt une
feule loi jufte, qu'une quantité innombrable de
loix obfcures, bizarres, burfales, contradictoires
& injuftes. Ne vaudroit-il pas mieux qu'il n'y
ait dans toute la France, *qu'une feule cou'ume,*
que, (en y comprenant les coutumes locales &
municipales écrites des villes & endroits) *plu-
ficurs mille ?* N'eft-il pas préférable pour les ju-
rifconfultes, ainfi que pour les peuples foumis
à une feule & même domination, qu'il n'y ait
qu'un feul livre de jurifprudence, que de ce qu'il
y en ait, comme à préfent (en y comprenant
les recueils d'arrêts des cours fupérieures & les
commentaires) *plufieurs millions ou billions ?*

C'eft donc encore ici, une erreur & un para-
doxe des plus fenfibles *de M. le Préfident.* Ce
n'eft pas, que nous prétendions l'inculper en aucune manière; au contraire, nous ne pouvons
que rendre hommage à fon zéle pour le bien public, à fes qualités perfonnelles & à la droiture
de fes vues dans la compofition de fon livre;
mais il eft fûrement tombé en erreur dans cette

occafion. On peut être un fort honnête homme, & fe tromper dans fes jugemens.

On nous fera peut être une autre objection qui eft rapportée dans un livre non moins célèbre que le précédent, qui a paru il n'y a pas longtems ; (le compte rendu au Roi de France, par *M. Necker*) il y eft dit, "qu'on doute fi
,, l'utilité qui réfulteroit de l'uniformité des poids
,, & mefures, feroit proportionnée aux difficultés
,, de toutes efpèces que cette opération entraine-
,, roit, vu les changemens d'évaluation qu'il fau-
,, droit faire dans une multitude de contracts
,, de rentes, de devoirs féodaux & d'autres ac-
,, tes de toutes efpèces.

En rendant l'hommage qui eft dû à une production qui n'a pu qu'être le fruit du patriotifme & du zèle d'un ancien adminiftrateur, dont les intentions pouvoient être droites, *fans qu'un grand nombre de fes principes ayent été à l'abri de l'erreur*, particulièrement dans cette occafion, nous répondrons & nous dirons que ces changemens d'évaluations dans les contracts & autres actes ne font pas une difficulté férieufe, & à laquelle il eft difficile de remédier. En effet: quand on aura dreffé avec exactitude la table dont il s'agit, dans laquelle on fera entrer fi l'on veut ces contracts, qui ne font pas déja fi nombreux, ces évaluations feront prefque toutes faites. Comme elle indiquera les principales proportions de tous les poids & mefures qui font actuellement en ufage, contre les nouveaux, afin de réduire ce qui eft porté par ces contracts, devoirs féodaux & autres actes, il ne s'agira que de quelques opérations de calculs très-faciles. Qu'on ait fait une fois ces calculs juftes, & qu'on en place la note en chiffres, en tête ou au dos de la minute des contracts, ils pourront fervir pour jamais. Au refte, & perfonne fans doute ne nous contredira à cet égard, l'inuniformité des poids & mefures, telle qu'elle exifte

aujourd'hui, est un plus grand obstacle à toutes
les évaluations possibles , que leur uniformité
telle que nous la proposons.

„ On n'a pourtant pas encore, *ajoute-t-on* ,
„ renoncé à ce projet, & on a vu avec satis-
„ faction que *l'Assemblée de la haute Guyenne*
„ l'avoit pris en considération.

Assurement, cette façon de penser ne pouvoit
qu'honnorer infiniment son auteur, par les avantages sans nombre qui devoient revenir aux sujets
du Roi , & à l'humanité entière, d'un pareil établissement ; elle n'honoroit pas moins *une illustre
Assemblée provinciale* , à la vigilence, au zèle &
aux travaux de laquelle il rendoit le tribut mérité. Toute opinion contraire à la possibilité de
l'uniformité des poids & mesures dans le Royaume
& les colonies , ainsi que par toute la terre, dis-
paroîtra facilement, nous en sommes assuré, par
l'expérience , dès qu'on voudra la faire *suivant
les principes qui ont été tracés par la nature ;*
ce n'est que par leur usage seulement, & non
par cette multitude de paradoxes, de prétentions
& de sistèmes mal-digérés & incohérents qu'on
voit qu'on pourra parvenir nous le disons, à couper le cours aux difficultés, & à établir quelque
chose de solide , de stable & de permanent.

ARTICLE XVIII.

Il seroit ordonné qu'à la tête ou à la fin de
chaque ouvrage ou livre qu'on imprimeroit, ou
qu'on vendroit à l'avenir , il fut placé *un catalogue en une seule feuille de tous les poids &
mesures actuels qui y sont rappellés* , avec leur
„ évaluation aux poids & mesures de nouvelle
„ invention ; le tout pour l'intelligence des au-
„ teurs anciens & modernes.

Une objection que *nous avions à prévenir,*
en proposant de rendre tous les poids & mesures uniformes, étoit celle qui résultoit de la difficulté qu'il y auroit eu de lire & d'entendre les

auteurs anciens & modernes qui auroient cité
dans leurs livres, certains poids & mesures. Cette
difficulté n'est pas comme on voit, bien difficile
à applanir, si on veut inférer à la tête ou à la
fin de chaque ouvrage, un catalogue tel que
nous l'avons prescrit. À mesure qu'il se rencon-
treroit dans un livre, la dimension d'une mesure
ou d'un poids, il ne s'agiroit donc que de jetter les yeux *sur le catalogue*, & on auroit lieu
d'en voir & d'en connoitre aussitôt les dimensions. Nous avons jugé à propos d'établir que
ce catalogue seroit borné *à une seule feuille;*
en effet: il ne nous paroit pas nécessaire qu'on
doive remplir souvent plusieurs pages, pour ce
qui peut-être contenu dans une seule. Ainsi, on
pourra voir *du premier coup d'oeuil*, l'évaluation
de tous les poids & mesures rapportés dans l'ouvrage, & en apprécier facilement la valleur. On
ne doute pas que cela ne faciliteroit beaucoup
l'étude de l'histoire tant ancienne que moderne,
la connoissance des tems, ainsi que celle de toutes les sciences, arts & professions.

ARTICLE XIX.

„ Il seroit dérogé à toutes les loix, coûtumes,
„ privilèges & usages contraires aux dispositions
„ de la loi à intervenir, lesquelles seroient dé-
„ clarées nulles & de nul effet; celles ci-dessus
„ devant seules être gardées & observées.

Il suffit d'exposer cet article, qui est de forme,
pour en concevoir la nécessité; nous ne nous
permettrons pas de le commenter. Au surplus,
il sera facile de voir combien par la pratique de
la méthode dont nous venons de tracer le plan,
toute la matière des poids & mesures seroit sim-
plifiée; puisqu'au lieu de plus de 500 MILLE
NOMS, qui sont destinés dans les divers Royaumes, Empires, Républiques & Etats du
monde, à désigner les différens poids & mesures
qu'il y a, soit pour les longueurs, pour les continences

tinences, ou pour les poids, on pourra les exprimer tous généralement par *trois noms seulement*, & qu'en même tems, on pourra les marquer, avec infiniment plus de célérité & de précision qu'on ne l'a jamais fait ni pu faire jusqu'à nos jours.

Après avoir donné à notre plan le développement dont il étoit susceptible, dans les dispositions de la loi même que nous avons jugée nécessaire, il est à propos de parler d'autres objets; il sont rélatifs à la plus exacte & à la plus prompte exécution de l'établissement des nouveaux étalons, & au revenu que cela rapportera; & ce n'est peut-être pas la partie la moins essentielle de cet ouvrage.

TROISIEME PARTIE.

Qui contient des objets rélatifs à la plus exacte & à la plus prompte exécution de l'Etablissement des nouveaux étalons; l'esquisse du revenu que cela pourra rapporter; & où on répond aux objections.

Cette partie sera divisée en 4 sections.

SECTION PREMIERE.

Contenant des objets rélatifs à la plus exacte & à la plus prompte exécution de l'Etablissement des nouvelles mesures des tems.

Il est connu qu'il y a des abus dans des pays & dans des endroits, qui y sont tellement enracinés, que malgré tous les efforts qu'on ait pu faire, & malgré la volonté des Souverains clairement & sévèrement manifestée, ils ne continuent pas moins d'être en pleine vigueur.

Tels nous paroissent être ceux qui existent de nos jours dans presque toutes les villes & lieux

O

remarquables tant du Royaume de France & de ſes colonies, que des autres Royaumes, Empires, Républiques & Etats du monde, concernant l'in. uniformité des poids & meſures. Les Souverains auroient peut-être beau parler & s'expliquer à cet égard, que le déſordre ne ſubſiſteroit pas moins; nous ſommes aſſuré qu'il y a bien des endroits éloignés qui ne continueroient pas moins de ſuivre ce qu'ils pratiquoient, & que ce n'eſt qu'avec le tems, & après de longs & d'in-fructueux réglemens, & des punitions même tou-jours déſagréables, qu'on parviendroit à les ex-tirper entièrement. Il y a tant de gens partout, qui penſent ſi différemment, & d'une manière ſi oppoſée, & qui ſont toujours prêts à ſacrifier le bien public à leurs intérêts particuliers !

C'eſt pour parvenir à ce but intéreſſant & pour couper la racine de tout dans un moment, que nous avons jugé à propos de propoſer des régles, ſuivant lesquelles la loi dont il s'agit pourra être exécutée, & qu'il nous ſuffira de déduire ſommairement. L'expoſé même des choſes en établira ſuffiſamment la néceſſité. Voici ce que nous penſons pouvoir être pra-tiqué à cet égard, pour les meſures des tems.

Comme les meſures actuelles des tems forment un grand préjugé parmi le menu peuple, ainſi que parmi une certaine claſſe de ſavants, qui ne voyent rien de bien & dans l'ordre, que ce qui a été établi par les anciens, & parconſéquent, que ce qui eſt conforme à leur prévention, ou con-traire aux régles du bon ordre & de la raiſon, il eſt à propos que nous tracions la voye & la marche, par leſquelles on pourroit parvenir à établir ces nouvelles meſures des tems.

Cette voye & cette marche ſeroit, à notre avis, de la part des Souvérains & des Républiques, „ d'exhorter en particulier les peuples, d'adopter „ cette nouvelle meſure des tems, comme étant „ une régle d'ordre à cet égard qui ſeroit meil-

„ leure que la précédente, fuivant l'avis des per-
„ fonnes éclairées & des gens de l'art, & de dé-
„ nofer à cet égard toute forte de prévention.
Voici à peuprès ce que nous penfons qu'on pourroit pratiquer auffitôt après avoir publié la loi
à intervenir, & dont les difpofitions ont été tra-
cées dans la feconde partie.

„ Il feroit expédié, indépendamment de la pu-
„ blication des articles de la loi dont nous avons
„ fait mention, une invitation à tous les corps
„ & communautés d'horlogers, de faifeurs de
„ cadrans, d'inftrumens de mathématiques, &
„ d'autres artiftes dont la profeffion exige la nou-
„ velle connoiffance de la mefure des tems, de
„ *s'y régler à l'avenir pour toutes les horloges,*
„ *pendules, cadrans & ouvrages de leur art &*
„ *profeffion.*
De cette manière, la nouvelle fupputation des
tems s'introduiroit dans la fociété infenfiblement,
& fans pour ainfi dire qu'on s'en apperçoive, de
même à peu-près qu'une nouvelle mode; le menu peuple la voyant adopter par les gens de
l'art, particulièrement par les grands, ou par fes
chefs & Magiftrats, ne feroit plus aucune difficulté de fe conformer à l'exemple qu'ils lui en
donneroient.

Regis ad exemplum, totus componitur orbis.
Voilà en peu de mots, ce que nous avions à
rémarquer touchant l'exécution parfaite de la
nouvelle mefure des tems; on ne doute pas que
la fimple publication du préfent ouvrage, & la
connoiffance des principes fur lefquels cette nouvelle mefure eft fondée, ne contribueroit auffi
beaucoup à *ôter* de l'efprit de la plûpart des
gens, *le préjugé & l'erreur*, & à les fortifier
dans les principes que nous avons établi. Au
furplus, fi, contre toute attente, on a des difficultés à faire contre notre nouveau fiftème de la
mefure de tems, furtout, contre fa fimplicité,
& la manière facile d'en exprimer la valleur,

fans rien déranger à l'efpace de tems jufte que
le foleil employe pour donner le jour & la nuit,
nous ne nous refufons pas, comme nous avons
déja eu lieu de l'annoncer dans notre préface, *de
répondre à toutes les objeétions* qui pourroient
nous être faites à ce fujet, s'il peut y en avoir.
Nous paffons à un autre fujet plus compliqué.
Il va être l'objet de la feétion fuivante.

SECTION II.

*Contenant des objets rélatifs à l'exécution de
l'Etabliffement des nouvelles mefures des longueurs, des pefanteurs & des continences.*

Cette feétion fera plus étendue que la précédente, parcequ'elle comprend plus d'objets Nous
commençons par ceux qui font les plus effen-
tiels, & dont découleront tous les autres.

§. I. Etabliffement de fabriques des poids
& mefures.

„1.º Chaque Souverain & République, établiroit
„ par une ordonnance particulière antérieure à
„ l'Edit mentionné en la feconde partie, *dans
„ la capitale* de fes Etats, une fabrique, fous
„ le titre *de fabrique Royale, ducale ou fouve-
„ raine des poids & mefures*, mentionnés
„ au préfent ouvrage, inftrumens de mathé-
„ matiques, & de balances; & lorfque la fouve-
„ raineté, République ou Etat feront très-éten-
„ dus, ou qu'elles auront des colonies, dans
„ toutes les villes qui font le fiège d'Affemblées
„ provinciales, d'Intendances, de Régences, de
„ Confeils fupérieurs, d'Audiances royales, d'hô-
„ tels des monnoies, ou de gouvernemens, *ré-
„ lativement à la conftitution particuliére de cha-
„ que Etat.*

„2.º Chaque Souverain & République attribue

,, roit à ces fabriques, le privilège exclufif de
,, conftruire, vendre & faire vendre, débiter &
,, faire débiter tous les nouveaux Etalons des
,, poids & mesures rapportés au préfent ouvrage,
,, inftrumens de mathématiques & balances ;
,, nombres, fractions, multiplications, divifions
,, d'iceux & leurs acceffoires, dant toute l'éten-
,, due des Etats de la fouveraineté ou Républi-
,, que, & de la généralité de fes isles, poffeffions
,, & colonies ; à l'effet de quoi ils feroient tous,
,, duemer.t empreints de leur marque ; & défenfes
,, feroient faites à toutes perfonnes de quelque
,, qualité & condition qu'elles fuffent d'en con-
,, ftruire, vendre ou faire vendre, débiter ou
,, faire débiter, contrefaire ou faire venir de l'é-
,, tranger que de leur authorité & confentement,
,, à peine d'une forte amande.

La néceffité de l'établiffement de fabriques particulières pour la confection de tous les nouveaux
poids, mefures, inftrumens de mathématiques &
balances, fe conçoit affez ; les régles de leur régie ne font pas difficiles à imaginer, puifqu'il ne
manque pas de nos jours de ces fabriques, qui
font très-bien adminiftrées, & qu'on pourra prendre pour modèles.

Une difficulté fe préfente, fpécieufe en apparence, mais qui, comme on verra, n'a pas de
fondement ; la voici : c'eft, *nous dira-t on*, que
le privilège de la confection de tous les poids,
mefures, inftrumens de mathématiques & balances, & la vente exclufive qui en feroit faite pour
le compte de chaque Souverain ou République,
occafionneroit de la perte au commerce & à l'induftrie des fujets.

Nous répondons, que cette perte prétendue ne
fera pas grande, & qu'elle ne fera pas même rémarquable. En effet : *pour ce qui touche le commerce*, il eft connu qu'il n'y a peut-être pas un
marchand dans toutes les provinces, qui fe fou-
tienne par la feule vente des poids, mefures, in-

ftrumens de mathematiques & des balances,
& qui ne trafique fouvent *de plus de cent objets en même tems.* Il n'y en a guères,
qui ne facrifieroient volontiers le foible émolu-
ment qu'ils ont dans cette branche de commerce,
à l'avantage ineftimable de voir tous les poids
& mefures rendus uniformes, fans plus être affu-
jettis à être trompés à cet égard. Il feroit pourvû à leur indemnité s'il le falloit, laquelle ne
pourroit être qu'un très-petit objet de dépenfe.
D'ailleurs, que tous ces gens déduifent le prix
de la facture de ces efpèces de marchandifes, &
celui des tranfports, qu'eft - ce que pour eux le
bénéfice? bien peu de chofe.

Pour ce qui touche l'induftrie, il eft à obferver
que ce feroient fans doute fes propres fujets que
chaque Souverain & République employeroit dans
fes fabriques; (quand ce feroient des étrangers,
cela nous paroit fort indifférent;) or, que les
ouvriers foient aux gages du Souvérain, ou aux
gages de quelques particuliers, cela ne revient-il
pas à peuprès au même? Ne gagnent-ils pas
leur vie d'une façon comme de l'autre? il n'en
réfultera donc pas la moindre perte pour l'induftrie des fujets; il paroit au contraire, que les
ouvriers devront préférer de travailler pour le
compte du Souverain, dont ils font fûrs d'être
payés, plûtôt que pour celui des particuliers,
dont les payemens ne peuvent pas toujours être
auffi exacts, & à l'égard de plufieurs defquels il
y a fouvent des rifques à courir, faute d'argent
& de moyens. Nous nous interdirons à ce fujet
de plus longs détails, qui nous méneroient trop
loin.

Nous défirerions en particulier beaucoup, que
les bâtimens de chaque fabrique, qui feroient
conftruits aux frais du Souverain ou de la République, fuffent auffi beaux, commodes & fomp-
tueux qu'il eft poffible, puifqu'il n'y a rien de
fi grand, de fi majeftueux, & qui éleve plus

l'ame, que de voir de superbes édifices ; il n'y a rien aussi qui fasse plus d'honneur, jusques dans les tems les plus réculés, à la ville ou à l'endroit où ils se trouvent, ainsi qu'aux Monarques ou aux Souverains à la munificence desquels on en est rédevable.

Que si pour ménager la dépense, on ne vouloit pas quant à présent faire construire les bâtimens des fabriques à neuf, ce que nous ne déconseillerions pas lorsque les besoins de l'Etat l'exigeroient ; on pourroit faire disposer pour cet effet des bâtimens appartenants au Souverain ou à la République, soit des édifices publics, ou une partie des hôtels des monnoies dans les villes ; soit des bâtimens Royaux ou publics situés à la campagne ; *il y en a tant partout* ; aucun inconvénient ne paroît exiger que ces fabriques soient situées plutôt dans l'enceinte des villes qu'ailleurs ; la dépense de la disposition des appartemens nécessaires ne seroit pas bien grande ; on pourroit d'ailleurs la mettre au compte du fermier ou des régisseurs dont il sera fait mention, sur le prix de son bail, ou sur la récette de leur régie.

Il seroit fait un réglement particulier pour la Police & la manutention de chaque fabrique, ainsi que pour la qualité des matières, les dimensions des nouveaux poids & mesures, instrumens de mathématiques & balances, leur marque, leur prix, leur transport, & pour toute la correspondance. Entre les principales dispositions qui seroient établies dans ce réglement, nous désirerions particulièrement les suivantes.

§. II. *Police & manutention de chaque fabrique,*
qualité & prix des poids & mesures, pesée
des marchandises, & objets accessoires.

„1.° Les matières de cuivre, de fer, de bois,
„ de chanvre & autres, qui devroient servir à
„ la confection des nouveaux poids, mesures,

O 4

» inftrumens de mathématiques & balances, frac-
» tions, multiplications, divifions d'icelles & de
» leurs acceffoires, feroient auffi bien condition-
» nées & les meilleures qu'il feroit poffible de voir.

Si nous défirons que toutes les matières mentionnées foient le mieux conditionnées & les
meilleures poffibles, c'eft pour en rendre la fabrication plus parfaite ; en cela, comme dans
bien des autres chofes, il ne s'agit de la part
des légiflateurs, que d'établir dans les commen-
cemens une règle & une certaine Police, pour
que ces chofes fe maintiennent toujours & dans
toute l'étendue de leur domination, d ns le degré
de perfection qu'on aura voulu leur donner.

» 2.º La marque des nouveaux poids, mefu-
» res, inftrumens de mathématiques & balances,
» confifteroit pour la France & fes colonies,
» dans *trois fleurs de lys, bien gravées* ; autour
» defquelles on liroit en caractères, *le nombre*
» *des demi travers de main, ou autre nom des*
» *longueurs, & la quantité des pondes, & des*
» *bouteilles* que la mefure ou le poids contient,
» *les dimenfions de chaque inftrument de mathé-*
» *matiques, & le diamètre de la balance* ; on y
» trouveroit auffi en chiffres, *le prix* que l'effet
» coûte, & *une lettre initiale* défignant la fabri-
» que royale où il a été conftruit ; ainfi que cela
» fe pratique pour la fabrication *des monnoies.*
» La même chofe feroit pratiquée dans toutes
» les autres fouverainetés, Républiques & Etats,
» à la feule différence de l'empreinte des armes.

» 3.º Le droit, pour la marque de chaque ob-
» jet, fe percevroit de la manière fuivante, ou à
» peu-près ; favoir : tous les poids, les mefures
» & les inftrumens de mathématiques qui feroient
» d'un demi travers de main, d'un ponde ou
» d'une bouteille & audeffous payeroient *un fol,*
» *en France,* & dans les autres pays à propor-
» tion. Depuis le nombre *un* jufqu'au nombre
» *dix* inclufivement, le droit feroit d'autant de
» fols, qu'il y a de nombres ; depuis le nom-

„ bre *dix* jusqu'à *cent*, il feroit *d'un fol* de plus
„ par dixaine; & depuis le nombre *cent jusqu'à*
„ *l'infini*, il feroit d'autant de fols, qu'il y a de
„ centaines de demi travers de main, de pon-
„ des ou de bouteilles. La même proportion
„ feroit obfervée à l'égard *des diamètres des*
„ *balances, multipliés fur eux mêmes*, c'eft-à-dire,
„ la longueur & la largeur par la profondeur.

„4.° *Il feroit recommandé* à toutes les verre-
„ ries de chaque fouveraineté ou République,
„ d'avoir attention de faire à l'avenir les bou-
„ teilles, verres & autres vafes, de manière qu'ils
„ contiennent une ou plufieurs bouteilles juftes,
„ ou des fractions quelconques de la bouteille,
„ telle qu'on les a détaillé.

„ 5.° *Il feroit pareillement recommandé* à
„ toute les fabriques, manufactures, & aux per-
„ fonnes de toutes les profeffions, d'avoir la
„ même attention dans la conftruction des nou-
„ veaux uftencils, facs pour renfermer les grains,
„ marchandifes & vafes de bois, de terre, de
„ grey, de fayance, de porcelaine, d'étain, de
„ plomb, de fer, de cuivre, d'or & d'argent,
„ & d'autres de toutes le efpèces, particulière-
„ ment dans la façon des tonneaux, des cuves,
„ des futailles & de toutes les autres mefures
„ quelconques; ces mefures, vafes, marchandifes
„ & effets feroient marqués & étalonnés *moyen-*
„ *nant la moitié des droits* détaillés ci-deffus,
„ pour toutes chofes, par la fabrique la plus
„ prochaine, ou par fon correfpondant fur les
„ lieux dont il va être fait mention; fi néanmoins
„ les parties intéreffées le jugeoient à propos.

On concevra facilement la néceffité de la régularité que nous établiffons pour la marque des
nouveaux poids, mefures, inftrumens de mathématiques & balances, ainfi que pour toutes les
autres mefures de fabrication libre; par ce moyen,
fi on veut être affuré de la qualité, de la confiftance & du prix des premiers, il ne fera pas

befoin de les rétourner & de les marchander longtems, *aux rifques d'être furfait ou trompé*,
comme cela arrive fouvent; il ne s'agira que *de*
regarder l'empreinte & on fera fûr de la vérité.
On réconnoitra auffi facilement, la confiftance
jufte des mefures de fabrication libre, à la premiere infpection de la marque, ce qui ne manqueroit pas d'être utile dans mille & mille occa-
fions. On ne fauroit fans doute acheter affez des
avantages auffi confidérables; mais le prix que
nous avons attaché à la marque de chaque demi
travers de main, · ponde, bouteille, inftrument
de mathématiques ou balance, & aux autres objets, fuivant la nature & les dimenfions de chacun, ne doit pas paroitre trop cher, fi on con-
fidère les peines & les foins qu'il en coûtera aux
prépofés, & toutes les autres dépenfes.

La récommandation faite à toutes les verreries,
fabriques, manufactures, & aux perfonnes de
toutes les profeffions, de fe régler fur les étalons
propofés & leurs proportions, dans la conftruction
des demi travers de main, des étalons des pondes, & des bouteilles, ainfi que pour les verres,
uftencils, facs, marchandifes & vafes de toutes les
efpèces, ne paroit pas moins utile. Ils en feroient enfuite, *s'ils le jugeoient à propos*, con-
ftater & marquer, à leurs frais, la confiftance
par la fabrique, ou par fon correfpondant fermenté fur les lieux. Rien fans doute ne peut
être plus fenfible & plus naturel. Par ce moyen,
s'établiroit graduellement l'ordre & l'harmonie
dans toutes les branches du commerce.

„6.º Le prix de tous les étalons de demi tra-
„ vers de main, de pondes, de bouteilles, des
„ inftrumens de mathématiques, des balances, &
„ de leurs nombres, fractions, multiplications,
„ divifions & acceffoires, qui feroit taxé au taux
„ qu'il plairoit au Souverain ou à la République
„ de fixer, feroit le même dans toute l'étendue
„ de chaque Royaume, Empire, République &

„ Etat , & de ſes colonies ; à l'effet de quoi ,
„ celui des tranſports ſeroit réparti ſur tous en
„ général.

Pour ce qui concerne l'uniformité du prix, qui
ſeroit fixé à un taux raiſonnable, il ſemble qu'elle
pourroit auſſi bien avoir lieu pour les poids, meſures, inſtrumens de mathématiques & les balances , que cela ſe pratique en France & dans d'autres Etats, pour le papier timbré , le ſel , les
cartes, le tabac , & pour d'autres objets. Les
avantages qui en réſulteroient pour le maintien
de l'immutabilité des nouveaux étalons , pour les
droits de la fabrique, ainſi que pour le commerce en général, ne ſont pas difficiles à appercevoir.

Et pour ce qui concerne le tranſport , la direction générale des fabriques dans la capitale
de chaque Etat pourroit faire un arrangement
particulier avec la direction générale des voitures
publiques, pour conduire les poids , meſures ,
inſtrumens de mathématiques & balances, francs
de port, dans toute l'étendue de chaque Royaume , Empire , République & Etat, tant par
terre que par eau ; cela paroit pouvoir ſouffrir
d'autant moins de difficulté , que l'un & l'autre
objet appartenoient déja dans la plupart des Etats,
au même maitre.

„ 7.° Il ſeroit ſtatué qu'il fut établi pour chaque
„ fabrique, dans chaque chef-lieu des baillages,
„ ſénéchauſſées, ſubdélégations ou autres juriſ-
„ dictions inférieures, *un Correſpondant* qui ſe-
„ roit fermenté en juſtice, dans le bureau du-
„ quel ſeroient dépoſés tous les étalons des poids
„ meſures & balances, & de leurs nombres, frac-
„ tions, multiplications, diviſions & acceſſoires ;
„ il appartiendroit à lui ſeul de les vendre, &
„ débiter dans le reſſort du balliage, de la ſé-
„ néchauſſée, ſubdélégation ou autre juriſdiction
„ inférieure, même à l'excluſion des correſpon-
„ dants de toutes les autres juriſdictions ; il en

„ tiendroit régiftre, & il veilleroit aux contra-
„ ventions ; il lui appartiendroit également d'éta-
„ lonner & marquer, dans l'étendue de la dite
„ jurifdiction, toutes les bouteilles, verres uften-
„ ciles, marchandifes & vafes de continence pour
„ les matières liquides, de fabrication libre,
„ dont il a été fait mention, fur les réquifitions
„ des propriétaires ou maitres des verreries, fabri-
„ ques, manufactures & ufine fituées dans la
„ dite jurifdiction, & autres parties intéreffées,
„ de quoi il tiendroit demême un régiftre en
„ bonne forme pour fa comptabilité, & il feroit
„ perfonnellement refponfable des erreurs qu'il
„ auroit commifes ; il lui feroit attribué pour émo-
„ lumens, *le fol pour livre ou environ*, du mon-
„ tant des marques & des ventes ; & expreffes
„ inhibitions & défenfes feroient faites à toutes
„ perfonnes de quelque qualité & condition
„ qu'elles fuffent, de s'approvifionner ailleurs,
„ fous peine d'amande.   Quant aux inftrumens
„ de mathématiques ils refteroient dans le com-
„ merce de toutes les autres marchandifes, étant
„ libre à chacun de s'en approvifionner où il
„ voudra, de quelque pays étranger qu'ils vien-
„ nent.

Cette difpofition rentre beaucoup dans celles
dont nous avons fait mention ; il feroit fuperflu
de donner des détails fur des chofes qui fe conçoivent d'elles - mêmes.   Quant aux inftrumens
de mathématiques, fi. la fabrication libre avoit
des inconvéniens, à caufe des défectuofités qui
s'y rencontrent fouvent, le commerce libre n'en
auroit point, mais bien le commerce libre des
différens poids, mefures & balances.

On nous dira peut-être, que, le Royaume.
Empire, République, Electorat, Duché. Princi-
pauté, Archevêché, Evéché, Abbaye. Prévôté,
Prélature fouveraine, Margraviat, Comté - rég-
nant, Territoire de ville libre impériale, ou autre État, reffort d'adminiftration provinciale, ou

autre Etabliffement où on voudra mettre les difpofitions de cet ouvrage en exécution, étant ou-
vert aux frontières ou enclavé dans des pays
étrangers, il en réfulteroit des contrefaçons &
de la contrebande, par l'introduction de poids,
mefures ou balances étrangeres

Nous répondons que cela ne pourra guères
avoir lieu, au moyen des précautions que nous
avons pris; en effet: il feroit difficile aux jurifdiciables d'un balliage, de faire prendre le change
au correfpondant de la fabrique; les endroits
fuffent-ils même, mi-partie étrangers, comme cela eft affez ordinaire; car ayant l'œuil fur toutes
les chofes dans fon reffort, qui ne feroit pas fi
étendu, il lui fuffiroit d'aller faire la vérification
des poids, mefures & balances étrangères chez
les perfonnes qu'il foupçonneroit d'en avoir. Il
n'en eft pas de même des poids, mefures & des
balances, comme du tabac, du papier timbré,
des cartes, du fel, & de pareils objets qui fe
fabriquent exclufivement pour le compte de certains fouverains; ces derniers font fort déftructi-
bles & fujets à la confommation, ils ne fervent
guères que pour le moment; au contraire, les
premiers font de plus de durée, ils peuvent la
plûpart fervir pendant toute la vie d'une homme,
& au delà. D'ailleurs, par le moyen du Régiftre
que le correfpondant tiendroit de leur vente &
diftribution, & par l'obftacle qu'on a porté aux
jurifdiciables d'ufer de l'alternative de s'approvifionner chez des correfpondants d'autres jurifdic-
tions, il pourra être éclairci de la contrebande
& des contrefaçons bien vite.

Pour ce qui touche les contrefaçons des marques fur les bouteilles, verres, uftencils, facs,
marchandifes, tonneaux, vafes, & autres objets
de fabrication libre, le correfpondant tenant à
cet égard un régiftre en bonne forme, il eft à
préfumer qu'on ne s'avifera pas de contrefaire
ces marques, *puifqu'il fera libre* à tout le monde

de les faire mettre, pour la régularité, moyennant les droits, fur ce qui lui appartient, *ou de ne le pas faire.*

Au furplus, fi cette liberté étoit fujette à des inconvéniens, particulièrement pour ce qui concerne les tonneaux, les cuves, les futailles & les autres objets de cette nature, on pourra également les affujettir à la marque, l'expérience & la réalité des avantages devant dans cette occafion fervir de régle pour s'y déterminer.

„8.° Il feroit dépofé dans chaque hôtel com-
„ mun des villes & bourgs, & chez le maire ou
„ principal officier des villages, hameaux ou
„ communautés de chaque fouveraineté & Ré-
„ publique, des étalons matrices des nouveaux
„ poids & mefures, c'eft-à-dire du demi travers
„ de main, du ponde & de la bouteille, & de
„ tous leurs nombres, fractions, multiplications,
„ divifions & acceffoires, afin qu'au cas qu'il foit
„ befoin d'en vérifier quelques uns dans l'endroit,
„ tous les particuliers puiffent y avoir recours,
„ moyennant le payement de droits modiques
„ qui feroient fixés pour cet effet.

„9.° Il feroit aufli difpofé au devant ou aux
„ environs du dit hôtel de ville de chaque ville &
„ bourg, ou dans la place la plus apparente &
„ la plus fujette au paffage, de chaque endroit,
„ village, hameau ou communauté, fous un
„ hallier qu'on erigeroit exprès à cet effet, aux
„ frais du Souverain ou de la République, *des*
„ *balances publiques, au nombre de cinq* ; avec
„ des poids proportionnés à leur grandeur ; *la*
„ *première*, qui feroit fort grande, maffive &
„ propre à recevoir & à enlever au moins dix
„ cordes de bois ou deux mille fagots, feroit de-
„ ftinée à pefer les plus groffes & les plus volu-
„ mineufes marchandifes, telles que le bois, les
„ fagots, les pierres, le marbre, la chaux, le
„ plâtre, le charbon de terre & de bois, le fel,
„ les laines, le foin, la paille, la litière, les

„ grains, graines & toutes les autres sortes de
„ marchandises grossières & du plus gros volume,
„ vendues en gros; *la seconde*, seroit destinée
„ à peser les marchandises & denrées qui sont
„ ordinairement d'un volume assez gros, mais
„ vendues en détail, telles que les grains, grai-
„ nes, le chanvre, le lin, les fruits, & tous
„ les métaux & ballots de marchandises de tou-
„ tes espèces. *La troisieme balance*, qui seroit
„ de l'espèce de celles qui sont le plus en usage ac-
„ tuellement, seroit simplement destinée à véri-
„ fier au besoin, à la réquisition des parties in-
„ téressées, toutes les petites marchandises de dé-
„ tail, vendues par les marchands ou négo-
„ tians au poids & à la balance; *la quatrième*,
„ plus petite, qui ne seroit également destinée
„ qu'à une pareille vérification, suivant la réqui-
„ sition des parties, serviroit au même usage que
„ la précédente, & pour des marchandises d'un
„ volume ou d'une espèce moindre. Il seroit en-
„ fin placé & disposé sous le hallier, *une cin-
„ quième balance*, ou la plus petite, qui seroit
„ destinée à vérifier les poids & les mesures de
„ toutes les matières d'or & d'argent, & de cel-
„ les qui sont en usage chez les apoticaires, les
„ orfêvres, les balanciers, les fondeurs, les es-
„ sayeurs, les métallurgistes, & parmi les autres
„ professions & marchands, qui ne vendent, ou
„ ne se servent que de choses précieuses & du
„ plus petit volume.
„ 10.º Tous les bois de chauffage, d'équarris-
„ sage & de flottage, les fagots, les pierres, les
„ marbres, les métaux & les minéraux, le sel,
„ les charbons de terre & de bois, la chaux, le
„ plâtre, le bled, l'avoine, l'orge, le seigle,
„ les navettes & tous les grains & graines, fruits
„ & denrées vendues en gros ou en détail, le
„ chanvre, le lin, le cotton, la laine, le foin,
„ la litiere, la paille & les autres marchandises
„ grossières ou d'un gros volume, de quelqu'es-

„ pèce que ce soit, ne pouvant plus, au desir
„ de l'article 14ème de la 2ème partie, être ven-
„ dus qu'au poids & à la balance, leur prix se-
„ roit d'abord à l'avenir réglé entre l'acheteur &
„ le vendeur, *après avoir vu la qualité & l'ef-*
„ *pèce*, à tant le demi cent, le cent, le mille,
„ le dix mille, le cent mille, le million, le billion, le
„ trillon, le quatrillon, le quintillon de pondes &
„ au dessus ; ce fait, le vendeur étant tenu de
„ délivrer sa marchandise, ne pourroit plus le
„ faire, sous peine d'une forte amande, qu'après
„ que ces grosses marchandises & denrées au-
„ roient été pesées & livrées *sous le hallier, ou à la*
„ *douane de chaque endroit* sur la balance de
„ première ou seconde grosseur, ce qui se feroit
„ toujours aux frais du vendeur, qui delà, pour-
„ roit amener ou faire amener ces marchandises
„ chez l'acheteur.

„ 11° Les droits de déchargement, de pesée
„ de réchargemens de toutes les marchandises ci-
„ dessus mentionnées, seroient réglés suivant un
„ tarif qui seroit dressé à cet effet, & exposé sur
„ les lieux, par ordre de chaque souverain ou
„ république, suivant les espèces de marchandi-
„ ses & leur quantité ; & il seroit tenu régistre
„ dans chaque endroit, dans la forme ordinaire,
„ de tous les bois, denrées & marchandises pe-
„ sées, soit par le maire de l'endroit, ou par
„ un commis ou préposé, qui seroit pour cet
„ effet salarié par le fermier, ou par les Régis-
„ seurs dont il sera parlé ci-après.

„ 12.° Toutes les balances ci-dessus pourroient
„ être achetées, & servir à l'usage commun &
„ journalier des particuliers pour la pesée de leurs
„ marchandises, grains, graines ou denrée, en
„ place des mesures de continence pour les cho-
„ ses seches ; à l'exception *de la plus grosse ba-*
„ *lance seulement*, dont l'usage ne pourroit ap-
„ partenir qu'au fisc.

Une des réformes considérables que nous avons
proposé

Proposé pour parvenir à extirper les abus & les tromperies de toutes les espéces qui ont lieu à l'égard de plusieurs mesures, à été celle d'abroger toutes les mesures de continence pour les choses seches, qui sont actuellement en usage, & de peser même le bois, les fagots, les pierres, les laines en gros, le foin, la litière, la paille & tous les objets pareils au poids & à la balance, au lieu qu'on les vendoit & livroit auparavant à la voiture, ou autrement. Rien sans doute de plus facile & de plus sensible que l'avantage qui résultera de pouvoir vendre au poids & à la balance les grains, les graines, les fruits, & les denrées de toutes les espèces qui étoient ci-devant sujettes aux mesures trompeuses de continence.

Une difficulté consiste, en ce que ces balances devant être un peu grosses, & parconséquent avoir des poids proportionnés, chaque particulier ne seroit pas en état de s'en approvisionner ; or, pour obvier à cet inconvénient, le parti le plus simple nous paroit être qu'il soit statué, qu'il fut établi qu'on put apporter tous les grains, graines, fruits, légumes - denrées & marchandises, à une douane, ou lieu public qui seroit érigé dans chaque endroit, où il fut procédé à leur pesée, moyennant des droits modiques, qui seroient réglés par un tarif à proportion de la qualité & de la quantité des marchandises, si mieux n'aimoient les particuliers faire l'acquisition de poids & balances pour peser leurs grains ou autres denrées, tels que des balances de la seconde espèce ; ce qui leur seroit libre, ainsi que de se les prêter les uns aux autres pour faire cette pesée, comme cela est assez en usage pour les mesures actuelles de continence pour les choses seches.

Mais, *la difficulté principale, la voici*. C'est l'inconvénient apparent de peser le bois, les fagots, les pierres, le foin, la litière, la paille & les autres marchandises grossières, ou de gros

P

volume. Quant aux balances & poids de ces matières, vu que la majeure partie des citoyens ne feroit pas en état d'en faire l'acquifition, ou ne feroit pas dans le cas d'en faire un ufage affez fréquent pour s'indemnifer des frais de ces poids & balances, nous avons jugé à propos de ftatuer qu'elles feroient expofées dans un lieu public de chaque ville & communauté, ou chaque particulier feroit obligé, après la vente de ces fortes de marchandifes, de les faire pefer, après être convenu du prix par cent, par mille, dix mille, cent mille, millions, billions, trillons, quatrillons de pondes, & au deffus. On feroit obligé à la vérité de décharger & de récharger la marchandife, mais cette opération ne paroit pas devoir coûter beaucoup plus de peines & de dépenfes, que n'en coûtent les cordelages actuels. D'ailleurs on pourroit, ce femble, fort bien lever avec des crampons conftruits à cet effet, & en équilibre avec le baffin des poids, les voitures entières chargées de bois, de fagots, de pierres, de foin, de litière, de chaux, de plâtre, de charbons de terre & de bois, de paille, de grains, de fruits, de légumes & de denrées & autres marchandifes groffières & en grande quantité; on pourra les pefer, du confentement de l'acheteur, ainfi qu'on le pratique pour les marchandifes en gros, dans les douanes actuelles, dans les ufines, dans les grands magazins ou dans les ports de mer; après la délivrance des marchandifes, à la maifon, ou dans les magafins de l'acheteur, on pourra pefer (après avoir fait dételer les chevaux.) les chariots mêmes, charettes ou voitures entieres fur lesquelles ces marchandifes étoient voiturées, ainfi que les facs, cordes, fers, cauffes, toilles, ballots, ou autres chofes qui fervoient à les emballer, à les encaiffer ou à les contenir; le poids de ces chariots, charettes, ou voitures, feroit déduit fans difficulté fur le poids brut primordial de ces marchandifes. Cette dernière opération éviteroit même tous les cordelages du bois ou des fagots, & toutes fortes de controlles, souvent difficiles & dispendieux. On pourroit faire usage de ce moyen si l'on vouloit; on éviteroit par-là, tous déchargements & réchargemens; de cette manière on sauroit toujours la quantité du bois, des fagots, du marbre, des pierres, du foin, de la litière, de la paille, des grains en gros, & de toutes les autres marchandises qu'on auroit acheté, *fort au juste.*

On assure qu'en Provence, en Languedoc & dans d'autres pays, le foin, les fagots, & d'autres matières grossières, se pesent de la manière que nous avons détaillé; ce qu'il y a de certain, c'est que cet usage se pratique, pour la paille, & le foin qui ne se botele point comme ailleurs pour être pesé, à *Strasbourg*, avec une multitude d'avantages.

Qu'on ne nous dise pas, que les frais de voiture, à la douane de chaque ville ou communauté, seroient plus grands; il est certain que ce n'est que dans les villes & villages que les acheteurs habitent, ou bien à leur proximité, ainsi que les marchands. Qu'une voiture attelée de ses chevaux ou boeufs, fasse donc quelques pas de plus ou de moins, cela ne feroit que revenir au même, & il est vraisemblable que le prix des marchandises n'en seroit pas pour cela haussé en la moindre manière.

Qu'il puisse & doive être établi des droits pour la pesée de ces marchandises, c'est ce que personne sans doute ne nous contestera, puisqu'il faut bien que le souverain ou la République soit indemnisée de ses frais.

Que ces droits dussent être réglés par un tarif suivant l'espèce, la qualité des marchandises & leur quantité, c'est ce qu'on ne nous contestera sans doute pas non plus; nous désirerions néanmoins que ces droits fussent réglés modérément, & non *d'une matière souvent exhorbitante, comme cela arrive*; ce qui rébute tout le monde

par la cherté, ce qui donne lieu aux particuliers
de frauder le fouverain, ou fes fermiers, & ce
qui ne produit fouvent pas plus à la ferme ou à
la régie, *à caufe des fréquentes contraventions &
du difcrédit*, que fi l'on avoit fixé ces droits au
jufte & au véritable taux qui leur convient, fans
fixer trop ni trop peu.

On pourroit conftituer foit le maire, findic, ou
une autre perfonne de confiance des villages
pour faire ces pefées, moyennant quelques émo-
lumens, tels par exemple que le fol par livre
qu'on lui attribueroit; foit un commis de la
ferme ou de la régie dont il fera parlé ci-après,
fi on jugeoit que l'objet en mériteroit la peine.
Ce font les circonftances qui décideroient de ces
chofes, mieux que tout ce que nous pourrions
dire à ce fujet. Il feroit tenu par la perfonne
conftituée par la ferme ou par la régie, un régiftre exact de toutes les pefées, & des droits
perçus à ce fujet; la forme en eft affez facile,
puifqu'il ne s'agira que de prendre pour modéles
les régiftres des contrôles, & autres qui font deja
en ufage. Tout cela eft trop naturel pour qu'il
foit befoin d'en parler plus au long.

Quand nous avons|confeillé d'ufer de ce mo-
yen pour les marchandifes groffières & du plus
gros volume, nous n'avons pas exclu celles d'un
vo¹ume moindre, telles que les grains en plus
petite quantité, les fruits, les legumes, les denrées & les marchandifes de toutes les efpèces de
grand ou de petit volume, fi les particuliers pré-
féroient de les faire pefer à la douane; pour cet
effet, toutes les autres efpèces de balances y
feroient expofées, comme celles dont nous venons
de faire mention; moyennant quelque droit modi-
que payable par le vendeur, qui ne manque pas
ordinairement de confondre ces fortes de frais
dans le prix de la marchandife, ces balances ferviroient auffi à vérifier au befoin, les fraudes de
tous ceux qui auroient pu vendre de la marchandife à faux poids, comme cela arrive quelques

fois. Ainsi, tout le monde *sauroit à l'avenir au juste*, le poids & la valeur de ce qu'il a acheté sans pouvoir plus être trompé d'une obole !

Voilà ce que nous avions à proposer touchant la pesée des grosses marchandises, ainsi que des petites. Nous avons lieu de croire qu'on ne désaprouvera pas une semblable police, qui paroîtra sans doute infiniment préférable à celle qui est actuellement établie ; elle seroit du moins très propre *à couper radicalement la source de tous les abus & de toutes les tromperies* qui ont lieu de nos jours ; & nous pensons qu'il n'y a guères de personnes qui, après avoir été *les victimes malheureuses des abus* qui subsistent actuellement touchant les mesures de continence pour les choses seches, ainsi que concernant la livraison du bois, des fagots, des pierres, du foin, de la paille & des marchandises semblables, & qui, après avoir éprouvé les effets salutaires de la nouvelle méthode que nous indiquons, n'en rende graces à son Souverain ou aux chefs de la République auxquels il plaira de la faire exécuter, & qui n'ait lieu de s'en féliciter !

Mais ce n'est pas tout que l'Etablissement du privilége exclusif, en faveur du Souverain ou de la République, de la confection & de la vente des nouveaux poids, mesures, balances, & des marques, ainsi que de tous les objets accessoires dont nous avons fait mention ; il y a des autres points non moins importants dont il est à propos de faire la déduction.

§. III. *Formalités les plus courtes & les plus aisées, pour parvenir dans peu de tems à l'exécution complette de ce plane.*

„ Il seroit adressé par le ministre de chaque
„ Souverain ou République ayant le départe-
„ ment des poids & mesures, à chaque inten-
„ dant des provinces, & dans les pays où il n'y
„ en a point, à chaque Assemblée provinciale, ou
„ bien à chaque Régence, Directoire, chambre

„ des Finances, ou conseil, supérieur, suivant la
„ forme de Gouvernement de chaque pays, des
„ ordres directs, pour les expédier à leurs subdé-
„ légués ou autres officiers inférieurs, portants
„ qu'ils ayent à faire dresser, chacun dans la
„ huitaine du jour de la réception, un rolle
„ de tous leurs jurisdiciables, ou seroient indiqués
„ les noms, demeure, qualité & profession de
„ chacun

„ D'après ce rolle, qui seroit envoyé en
„ France, par les subdélégués aux intendans, &
„ dans les autres pays, par les baillifs des bail-
„ liages ou autre principal officier à la régence,
„ Directoire, Chambre des finances ou autre corps
„ supérieur d'administration, pour l'adresser au
„ Ministre, soit que le Souverain ou la Répu-
„ blique se seroit déterminée à affermer le pri-
„ vilége exclusif des fabriques, ou de le mettre
„ en régie, ainsi qu'il en sera parlé ci-après, il
„ seroit donné des ordres à toutes les fabriques,
„ pour qu'il y fut pourvû à la confection de
„ demi travers de main, de pondes & de bou-
„ teilles, & de leurs nombres, fractions, mul-
„ tiplications, divisions & accessoires en suffisance
„ pour en approvisionner à la fois tout le Ro-
„ yaume, Empire, République ou Etat, ou on
„ jugeroit à propos de mettre cet ouvrage en
„ exécution; & la même chose seroit pratiquée
„ pour toutes les isles, colonies & possessions qui
„ peuvent dépendre de chaque Etat. Quant
„ aux petites souverainetés, telles que certaines
„ Principautés & Evêchés d'Allemagne, Abbayes,
„ Prévôtés, Prélatures, Comtés régnants, Terri-
„ toires de villes libres impériales, & autres,
„ ces formalités seroient plus courtes & plus som-
„ maires, suivant que l'exigeroit la constitution
„ de chacun de ces Etats.

Ce n'est qu'après cela qu'on feroit publier la
loi dont nous avons fait mention dans la seconde
partie. Cette loi pourroit être envoyée en France
aux Parlemens & aux Cours superieures pour y

être enregiftrée, ainfi qu'à ʼous les intendans, &
aux Affemblée- provinciales ; dans le; autres
pays, on obferveroit les coûtumes & formalités
d'ufage, qui donnent la fanction néceffaire aux
loix ; elle pourroit être accompagnée pour les
Intendans, les Affemblées provinciales, les Régences, Directoires, chambres des Finances,
Confeils fupérieurs ou autres cours fupérieures,
de demi travers de main, de pondes, de bouteilles & de balances, & de leurs nombres, fractions, multiplications, divifions & acceffoires,
qui feroient néceffaires dans chaque jurifdiction,
d'après le rolle qui auroit été fait des différentes
profeffions. On y pourroit joindre des ordres
particuliers pour les Intendans & leurs Subdélégués en France, ou pour les perfonnes qui les
repréfentent & qui ont l'attribution de leurs
fonctions dans les pays étrangers ; entr'autres de
ce qui fuit.

„1° Qu'à la réception de l'Edit, ainfi qu'à
„celle nouveaux étalons, le Subdélégué qui,
„en France, feroit nommé Commiffaire à cet
„effet, & dans les autres pays le bailli du bal-
„liage du Prince ou autre principal Officier,
„ait à fe tranfporter fucceffivement dans tous
„les lieux de fa jurifdiction avec le nombre né-
„ceffaire de demi travers de main, de pondes,
„d'étalons de bouteilles, & de balances, & de
„leurs nombres, fractions, multiplications, di-
„vifions & acceffoires, après avoir commencé
„toutes les opérations détaillées ci-après.

„2° Le Commiffaire étant parvenu fur les
„lieux, feroit convoquer la communauté au
„fon de la cloche en la manière ordinaire au
„lieu accoutumé ; il lui feroit donner lecture
„par fon fécrétaire de l'édit, & il en feroit di-
„ftribuer des exemplaires, & du préfent ouvrage,
„aux notables habitans, & afficher ces 1ers dans
„les places publiques & aux endroits ordinaires.

„3° Le Commiffaire déclareroit, en vertu des

„ mêmes ordres dont il feroit auffi donner lecture,
„ que tous les habitans euffent à lui apporter à
„ l'inftant tous les poids & mefures fous quel-
„ que titre & dénomination que ce foit, foit
„ des longueurs, des continences pour les ma-
„ tières feches & liquides ou des pefanteurs, ainfi
„ que les balances non étalonnées dont ils font
„ poffeffeurs, & qui fervent actuellement à l'ufage
„ de leurs profeffions, de quoi ils auroient été
„ averti par un expert appréciateur dont il fera
„ parlé ci-après, trois jours auparavant, afin de
„ les tenir prêts ; ceux qui s'y réfuferoient ou fe
„ mutineroient, feroient à l'inftant punis par
„ une amande qu'il prononceroit, payable fur
„ le champ, ou par d'autres peines plus gran-
„ des fuivant les circonftances, lefquelles feroient
„ auffitôt exécutées, à quoi le Commiffaire fe-
„ roit fuffifamment authorifé.

„ 4.º Les anciens poids, mefures, & balances
„ qui ne pourroient plus être d'aucun ufage, fe-
„ roient à l'inftant caffés & rompus, par l'expert
„ appréciateur qui accompagneroit le Commif-
„ faire.

„ 5.º Les poids, mefures & balances non éta-
„ lonnées qui feroient encore bons, & qui pour-
„ roient être de quelqu'ufage, feroient pris en
„ payement, eu égard cependant, moins à la
„ forme qu'à la matière, fuivant l'eftimation qui
„ en feroit faite à l'inftant fommairement par
„ l'expert appréciateur, pour fervir à la fonte
„ d'autres poids, ou à la confection s'il échet,
„ d'autres étalons de mefures, & de leurs nom-
„ bres, fractions, multiplications, divifions &
„ acceffoires, ainfi que des balances.

„ 6.º Les perfonnes qui ne voudroient ou ne
„ pourroient pas payer les nouveaux poids, me-
„ fures & balances comptant, notamment les or-
„ fèvres, les apoticaires, les effayeurs, fondeurs,
„ métallurgiftes, & autres artiftes dans les villes
„ ou autres endroits, il leur feroit accordé trois

„ mois de crédit, en payant un pour cent au-
„ deſſus du prix, au bout duquel tems ils y
„ ſeroient contraints.

„7° Le Commiſſaire feroit interpeller, d'après
„ le rolle qu'il auroit en mains, tous les juriſdicia-
„ bles; il feroit porter leurs noms, & leurs qua-
„ lités & profeſſions dans l'ordre du rolle ſur un
„ procès-verbal général qu'il dreſſeroit de toutes
„ les opérations; il y feroit mention ſommaire-
„ ment à l'article de chacun, s'il a été abſent
„ ou préſent; s'il a acheté un ou pluſieurs poids,
„ meſures ou balances & pour quel prix, ou s'il
„ n'en a pas acheté, ſa profeſſion ne l'exigeant
„ pas; s'il en a donné un ou pluſieurs en paye-
„ ment de tout ou d'une partie du prix, ou s'il
„ n'en a pas donné; ſi un ou pluſieurs de ſes
„ anciens ont été à l'inſtant caſſés & rompus ou
„ non; s'il a payé comptant, ou s'il veut avoir
„ du crédit; le tout feroit couché ſur le papier
„ ſous des colomnes qui y répondroient, & dont
„ on enverroit au Commiſſaire le modéle; &
„ chaque ſéance feroit ſignée par toutes les per-
„ ſonnes qui y auroient concouru.

„8.° Les droits du Subdélégué, baillif ou
„ autre Commiſſaire feroient fixés *à quatre li-*
„ *vres*; la moitié au Sécrétaire, & autant à l'ex-
„ pert appréciateur, par communauté, & paya-
„ bles par chacune, pour toutes les opérations
„ quelconques, même pour celles qui auroient
„ pu précéder ou s'enſuivre; ſauf au premier à
„ accélerer ces mêmes opérations comme il vou-
„ dra.

„9° Toutes les opérations étant conſommées
„ pour toutes les communautés, les ſubdélégués,
„ baillifs ou autres Commiſſaires devroient incon-
„ tinent envoyer le procès-verbal général à l'in-
„ tendant de leur département; ou à la cham-
„ bre des Finances, à la Régence, au Directoire
„ ſupérieur ou autre Conſeil d'adminiſtration dans
„ les pays différens de la France, & rendre

„ compte de l'exécution des ordres qui leur au-
„ roient été donnés ; ces dernièrs enverroient ce
„ méme procès-verbal au miniftre, & lui ren-
„ droient eux-memes compte desdits ordres ; les
„ Subdélégué , baillifs ou autres Commiffaires
„ devroient demander auffi, fur les réquifitions
„ de, particuliers , d'autres poids, mefures &
„ balances, fi ces derniers n'en avoient pas eu
„ en fuffifance, lefquels leur feroient délivrés de
„ la méme manière, & au méme prix.

Il feroit fuperflu d'entrer dans des détails fur
la plupart de ces objets, qui fe conçoivent affez.

Nous avons cru devoir défigner pour ces Com-
miffions en France les Intendans & leurs fubdélégués préférablement aux Cour, fuperieures, &
aux balliages & Sénéchauffées , parceque ces
opérations s'exécuteroient beaucoup plus vite.
Quant aux pays étrangers, ou l'adminiftration de
l'Etat eft moins divifée & compliquée qu'en
France, les opérations pourroient être confiées,
par exemple en Allemagne, aux chambres des
Finances, ou bien aux Régences ; & dans les ju-
rifdictions inférieures aux baillifs des balliages,
par le moyen defquels tout feroit exécuté exactement, & au plus vite.

Nous avons pourvû par des réglemens contre
ceux qui fe réfuferoient à ces opérations, ou qui
voudroient en troubler l'ordre ; ces réglemens
doivent paroitre *dictés par la néceffité.*

On ne feroit pas mal de ftatuer, d'après les
principes que nous avons établi, que les anciens poids, mefures & balances qui ne pourroient
plus fervir à rien, fuffent à l'inftant caffés &
rompus; il y en a cependant qui pourroient fervir à quelqu'ufage en les rectifiant, ou en les
réfondant ; on les prendra en payement, eû égard
à la matière feulement, fuivant l'eftimation qui
en feroit faite par l'expert appréciateur qui ac-
compagnera le Subdélégué, le baillif ou autre
Commiffaire, & qui pourra lui fervir d'huiffier

Quant aux inftrumens de math'ma ques, il
fera libre à tout le monde d'en acheter à la fabrique, ou chez fon correfpondant, au prix fixé;
les perfonnes qui voudroient retenir les anciens
ne feroient pas forcés d'en prendre des nouveaux,
fi ces premiers leur étoient d'une éga'e utilité.

Il ne manquera pas de perfonnes qui fe plain-
dront, & quelques fois contre la vérité, qu'elles
n'ont pas d'argent pour payer les nouveaux demi
travers de main, pondes, étalons de bouteilles
& balances dont elles ont befoin pour leur profeffion; en leur laiffant l'option de ne payer que
dans trois mois, moyennant un pour cent audeffus du prix fixé, elles auront autant de tems
qu'il en faut pour ramaffer les deniers néceffaires,
qui d'ailleurs feront affez modiques. Les orfèvres,
les apoticaires, les effayeurs, les fondeurs, les
métallurgiftes & autres pareils artiftes, étant obligés de faire une certaine dépenfe pour avoir les
nouveaux poids, mefures, balances, & leurs
nombres, fractions, multiplications & divifions
dont ils ont befoin pour leur profeffion, il leur
feroit particulièrement accordé un crédit raifon-
nable, fi mieux ils n'aimoient de les payer comptant, moyennant *quelques pour cent* de moins.

Un procès-verbal général qui feroit dreffé dans
la forme que nous avons établi, nous a paru
préférable à plufieurs procès-verbaux féparés,
c'eft-à-dire, à un pour chaque communauté; de
cette manière on évitera des répétitions inutiles,
& ce procès-verbal étant mis à la fuite entre les
mains du correfpondant de la fabrique, pourra
lui fervir avec avantage de régiftre.

Nous avons porté la taxe qui feroit perçue
pour toutes les opérations à 4 livres de France
pour le fubdélégué ou le Commiffaire, par communauté, ce qui paroit affez, puifqu'il ne lui
fera pas difficile d'en expédier jufqu'à cinq ou
fix par jour, ou d'avantage s'il veut. Il y a telles
fubdélégations dans le Royaume de France, qui

contiennent *cent villages & plus*, cela feroit pour
le Commiffaire 400 livres, & pour les autres Officiers à proportion. Si on déféroit ces Commif-
fions en France, aux balliages ou aux Sénéchauffées, qui fe répréfenteroient fur les lieux par un
Commiffaire ayant 15 livres par jour ou par communauté, & par un Procureur du Roi, un Gref-
fier, un Huiffier & un expert appréciateur, ayant
des droits proportionnés à ceux du premier, il
en coûteroit peut-être plus 3000 livres, ou 8 à
10 fois davantage. Quant à l'allemagne & aux
autres pays étrangers, les droits feroient fixés à
peu-près de même, en monnoie au cours du
pays ; on y fuivroit au furplus les régles particulières qui y font établies, & qui, comme on
fait, font fort différentes & meilleures que celles
de la France.

Enfin, les fubdélégués, les baillifs ou Officiers
inférieurs nommés Commiffaires, feroient l'envoi
du procès-verbal général à l'Intendant, ou à
la Régence du pays, & lui rendroient compte de
leur Commiffion, pour en rendre eux mêmes
compte au Miniftre ; & ils demanderoient, fur
les réquifitions des particuliers, d'autres poids,
mefures & balances s'ils en avoient befoin ; tout
cela eft trop naturel pour qu'il foit befoin de le
commenter.

„10.º Toutes les opérations ci-deffus ne s'exé-
„ cuteroient dans les grands Etats, que par Pro-
„ vinces, Intendances ou gouvernements, de ma-
„ nière qu'on ne les commenceroit dans trois ou
„ quatre provinces, qu'après qu'elles auroient
„ été achevées dans un pareil nombre d'autres.
„ Il en feroit demême des colonies qui en dépen-
„ dent.

La raifon de cette derniere difpofition eft qu'on
aura auffitôt des poids, mefures & balances en
fuffifance pour fatisfaire à toutes les demandes.
D'ailleurs, dans moins de quinze jours, toutes les
opérations détaillées pourroient être facilement

consommées dans les Provinces ou on auroit commencé à les mettre en exécution.

§. *IV. Ferme ou Régie du privilége exclusif des nouveaux poids & mesures.*

„1.° Chaque souverain & République, aban-
„donneroit le privilége exclusf de la confection
„des demi travers de main, des pondes & des
„étalons de bouteilles, & de leurs nombres,
„fractions, multiplications, divisions & acces-
„soires, des instrumens de mathématiques & des
„balances; de la marque des objets de fabrica-
„tion libre, de la pesée des marchandises gros-
„sières & de gros volume, & de tous les autres
„objets dont il a été fait mention, conformé-
„ment aux restrictions qui y ont été mises, à
„bail, à une Compagnie de fermiers solvables
„qui se présenteroient, & qui lui en offriroient
„le plus, en se chargeant des dépenses.

„1.° Ou bien, chaque Souverain & Républi-
„que en feroit faire la Régie pour son compte,
„sous l'inspection & l'authorité du Ministre,
„ayant dans son département les poids & me-
„sures, *par une compagnie*, qui en auroit l'Ad-
„ministration, qui en percevroit les revenus, &
„rendroit compte annuellement des bénéfices; à
„la déduction néanmoins de la *deux centieme*
„*partie du produit de chaque année*, qu'elle
„payeroit *exactement tous les ans, en continuant*
„*de le faire à perpétuité*, ou la compagnie des
„fermiers ci-dessus, sans retenue, à *l'Inventeur*
„de l'uniformité des poids & mesures, *par forme*
„*de récompense de la part de chaque Etat*, la-
„quelle somme leur seroit allouée sans difficulté
„dans les comptes, sur la réprésentation des
„quittances dudit inventeur, ou de ses réprésen-
„tans ou ayant causes.

Il n'y a que deux manières de tirer le produit
de ses revenus, lorsqu'on ne peut pas les per-

cevoir foi même ; favoir : *en les affermant au plus enchérisseur ; ou en les faisant régir* ; nous laissons à la prudence de chaque Souverain ou République d'adopter l'un ou l'autre de ces partis.

Nous avons ajouté qu'il feroit alloué dans les comptes de la compagnie des fermiers ou des Régisseurs, fur le produit du bail ou de la régie, *la deux centième partie du produit net*, *ou du bénéfice annuel*, que chaque souverain, Etat ou République retireroit de l'Etablissement proposé dans notre ouvrage, *laquelle 200ème partie*, feroit par eux exactement payée tous les ans à L'AUTEUR DE CET OUVRAGE, fur l'uniformité des poids & mesures, *pour lui tenir lieu de fa récompense*, de la part de chaque Etat.

Si nous avons crû devoir faire mention de cette claufe, la raifon en eft fimple, puifque trop fouvent, comme on fait, les fervices les plus fignalés & les plus grands, font ceux qui, *à l'infçu quelques fois des Souverains*, *ou des Républiques*, font les moins réconnus & récompensés, furtout *pendant la vie de leurs auteurs* ; comme nous ne faurions tenir aucun compte des récompenfes qu'on pourroit nous accorder *après notre mort*, c'eft-à-dire lorfque nous n'en aurons plus befoin, ou qui, pendant notre vie, ne nous feroient point payées, comme cela arrive quelques fois, nous avons cru pouvoir ftipuler cet article. L'univerfité de Paris, *inventrice des poftes en France*, a conftamment joui *de la 28ème partie* du produit net de leurs revenus. Il n'eft fans doute perfonne à qui quelqu'un faifant avoir *200 livres*, ne lui donne volontiers fur le fonds, une récompenfe de *20 fols*, *ou d'un demi pour cent* ; c'eft le moins qu'on puiffe lui accorder, *avec honneur*. Nous ofons croire que perfonne ne nous enviera un pareil fort. & ne daignera réconnoître qu'il nous eft dû avec juftice ; au cas contraire, nous ferions fans doute en droit de demander à tout cenfeur rigide, combien de plans infructueux on a déja donné pour rendre tous les poids & mesures uniformes dans tous les Etats? Combien de fois les Gouvernements en ayant tenté l'exécution, y ont échoué, ou n'ont pu obtenir que des succès assez foibles? depuis combien de siècles ce plan est deja sur le tapis? & combien de fois, on la même cru tout-à-fait impossible & impraticable? & alors sans doute, toute censure cessera. En effet: ce doit être quelque chose que d'avoir applani la route, & d'avoir indiqué des moyens aussi simples qu'aisés à exécuter, pour rendre tous les poids & mesures uniformes, d'une manière, *telle que la notre*, dont, nous osons le dire, les avantages ne seront sûrement pas en petit nombre pour tout le monde. Il ne sauroit sans doute y avoir de voye plus juste & plus légitime d'acquerir, & de faire sa fortune, que celle qui est fondée sur le bien général de l'humanité qu'on a provoqué & avancé. Telle est notre façon de penser à cet égard; nous ne la dissimulerons pas; nous osons croire que toutes les personnes justes, raisonnables & honnêtes, particulièrement *les augustes Souverains & les Républiques*, à qui nous nous adressons pour cet effet, non seulement ne nous en sauront pas mauvais gré, mais qu'ils daigneront nous accorder sans difficulté cette récompense, & qu'ils trouveront que nous avons eu raison de la stipuler ainsi, & de la demander. Quant *aux petits Etats*, auxquels cet ouvrage rapporteroit beaucoup moins qu'aux grands, nous nous bornerons à leur demander à chacun, une honnête pension; & nous esperons qu'il n'y a aucun souverain ou République, à qui, en faisant avoir annuellement, à perpétuité, par exemple 10 à 15 mille livres, voudra borner sa réconnoissance à la 200ème partie c'est-à-dire à 50 ou 75 livres annuellement, ce qui seroit *au dessous de sa dignité*, & qui ne nous accordera volontiers une pension viagère de 600 livres, ou à proportion.

SECTION III.

Contenant l'esquisse du nouveau revenu que l'exécution de cet ouvrage pourra rapporter à chaque Souverain & République.

Il s'agit actuellement de démontrer l'augmentation sensible de revenus que produiroit pour chaque Souverain & République l'éxécution de cet ouvrage. Nous croyons pouvoir en porter le produit net pour la France, en comptant sa population, avec celle de ses colonies pour vingt huit millions d'habitans, à raison de dix sols par tête, le fort portant le foible, à quatorze millions de revenus annuellement; & nous croyons pouvoir compter à peu-près le quadruple de cette somme pour le produit de la premiere année de l'exécution de cet ouvrage; *le revenu de tous les autres Souverains & Républiques sera à proportion;* & nous ne croyons pas avoir porté ces sommes trop haut.

En effet: qu'on considére la quantité des poids, des mesures, des balances & des instrumens de mathématiques qu'il faut dans un Etat, & on s'en formera une idée, puisqu'il n'y à guéres de profession dans la société qui n'en ait besoin, & à qui ils ne soient d'un usage & d'un service habituels. Qu'on y ajoute le produit des marques libres des objets de fabrication ordinaire, & qu'on pourra rendre de rigueur, suivant les avantages qu'on y apperçevra, ainsi que celui des douanes dont nous avons fait mention, & il ne sera plus difficile de voir ce que cela pourra rapporter.

D'après les reflexions que nous avons faites, on se convaincra facilement du produit des sommes dont nous avons fait mention *pour chaque Souveraineté & République*, même à la déduction de la matière, de la façon, des transports, de la remise faite aux correspondants des fabriques

& aux autres employés; des frais de régie, &
des autres dépenses. Le seul privilège exclusif
des gabelles rapporte annuellement à la France,
à ce qu'on assure, une somme de cinquante quatre millions de livres de revenu net; quelle idée
ne devra-t-on pas donc se former du privilège
exclusif de la vente de tous les demi travers de
main, pondes, étalons de bouteilles; & de leurs
nombres, fractions, multiplications, divisions &
accessoires, ainsi que des balances grandes &
petites, même dans les années où il ne s'agira
que de remplacer ce qui en auroit été cassé,
perdu ou usé à force d'usage; de tous les instrumens de mathématiques; ainsi que des marques
libres ou de rigueur des objets de fabrication
ordinaire & des douanes. l'établissement de tout
quoi est sans contredit beaucoup plus naturel &
plus fondé sur l'ordre des choses?

Voici l'apperçu que nous croyons pouvoir en
donner pour la France à un taux modéré. Il
y a vingt quatre millions de sujets dans le Royaume de France & plus, & avec ceux de toutes les colonies, dans lesquelles *cet Etablissment
pourra sans contredit s'exécuter pareillement*,
vingt huit millions d'habitans, ou environ : en supposant que chaque sujet ne rapporte tous les ans,
le fort portant le foible, *que dix sols*; les frais
déduits, ce qui n'est ce semble pas trop, il en
résulteroit pour le Souverain un bénéfice net
d'environ 14 millions de livres de revenus annuellement, à perpétuité, indépendamment du produit
de la première année qu'on peut compter bien
audessus des autres années; puisque s'agissant d'y
renouveller pour ainsi dire tous les poids, mesures, instrumens de mathématiques & balances du
Royaume & des colonies, il est sensible que le
produit en sera beaucoup plus considérable.

Ce que nous avons dit pour la France, *doit
s'appliquer à tous les autres Royaumes, Empi-*

res, Républiques & Etats de l'Europe & du
monde, auxquels l'exécution de cet ouvrage pourra rapporter *à proportion du nombre des habitans qu'ils contiennent, & de la quantité plus
ou moins forte d'espèces numéraires qui y circu-
lent.* Il paroit superflu d'entrer dans les détails
des sommes que l'exécution de cet ouvrage pourra
produire pour chaque Etat, & on voudra bien
nous en dispenser, puisque *cela n'est pas difficile à voir*, & que les augustes chefs, ou Admini-
strateurs de chaque Royaume, Empire, République & Etat de l'Europe & de toute la terre,
l'appercevront eux-mêmes, mieux, que par tout
ee que nous pourrions dire à ce sujet.

Au reste, nous le disons, c'est particulièrement
par l'ordre & la bonne régle qui sera établie
pour l'exécution de ce plan qu'on devra s'atten-
dre à des succès; autrement, il ne faut pas en
esperer, ou que de foibles. Le revenu annuel
dont il s'agit, & le produit de la premiere année, dépendront aussi beaucoup de la taxe qu'on
fera des poids, mesures, balances, instrumens
de mathématiques, des marques des objets de
fabrication libre, & de celle pour les douanes;
le privilége étant exclusif, on pourra hausser cette
taxe ou la baisser à volonté. Tout ce qu'on
voudra faire produire à cette nouvelle branche
de finances, elle le produira. Mais nous con-
seillons que cette taxe soit faite *modérément*, sans
quoi le présent établissement, si utile, ne manqueroit pas de tourner *en abus.* Ainsi, dans les
pays où la taxe *des messageries* pour les voyageurs,
& *des postes* pour les lettres & paquets, est trop
forte, on ne doit pas s'étonner des fréquentes
contraventions à des réglemens, *qui pouvoient
être mieux faits*; puisqu'une taxe moindre, auroit nécessairement occasionné un nombre de vo-
yages & d'envois plus considérables, dont le produit en revenus auroit égalé, ou même surpassé
celui d'une taxe exhorbitante, dont l'effet n'est

que de gêner l'activité du commerce, & d'é-
touffer les talens & l'indultrie des citoyens.

SECTION IV.

Contenant la réponse aux objections générales.

On nous dira en premier lieu, que l'étalon
que nous propofons pour la mefure des longueurs
eft bien petit, & fort au deffou. de la plupart
de ceux qui font actuellement établis, tels que
le pied, le palme, la braffe & d'autres.

Nous répondons que dans la formation du
nouvel étalon des longueurs & des autres, la
difficulté qu'on nous feroit à cet égard n'a point
échappé à notre pénétration. Nous avouerons
ingénument que, pour ne pas trop heurter les
prejugés & les ufages communs, encore qu'ils
foient abufifs, nous nous étions d'abord déterminé dans le principe, à fixer un étalon plus
grand pour les longueurs ; nous dirons même,
que cette circonftance a occafionné que nous
avons été dans le cas de recommencer, & parconféquent *de réfondre en entier le préfent ouvrage, jufqu'à fix fois ;* mais nous dirons que
des difficultés de toutes efpèces fe font préfentées
à notre efprit dans cette première formation de
l'étalon des longueurs ; nous nous bornerons à
en citer les principales 1.º En faifant l'étalon
des longueurs auffi grand par exemple que le
pied de Paris ou du rhin, ou feulement la
moitié, il nous a paru qu'on n'auroit pas pu de
beaucoup, le divifer auffi bien que nous l'avons
fait pour le demi travers de main, c'eft-à-dire
en 100 points ordinaires, & en 1000 points microfcopiques; divifion néanmoins qui doit paroître d'autant plus belle, qu'elle pourra devenir à
la fuite, non feulement pour le commerce mais
pour la médecine, la métallurgie, la phyfique,
les mathématiques & *pour toutes les fciences &*

Q 2

les arts, d'un ufage plus facile & plus utile. Les points ordinaires ne font pas trop gros ni trop petits, comme il y en a, pour l'ufage du commerce ordinaire, & les points microfcopiques font juftement ce qu'il faut aux phificiens pour déterminer plus au jufte les proportions, à l'étalon entier, & parconféquent à toutes les longueurs quelconques, de tous les objets microfcopiques, dont ils voudront déterminer & faire connoitre les dimenfions, & les différentes parties. 2.° Si nous avions fait l'étalon des longueurs auffi grand par exemple que celui de Paris ou à proportion, nous ferions tombé dans un grand inconvénient pour fixer en conféquence l'étalon des poids, ainfi que celui des mefures de continence pour les matières liquides. En le faifant par exemple de la longueur du pied cube de Paris ou environ, fa pefanteur auroit été énorme, ainfi que la mefure des continences pour les matieres liquides, qui n'auroit pas pu être auffi bien réglée de beaucoup, que la nôtre. En prenant pour étalon des liquides, le cube d'une partie du pied, nous ferions tombé pour fa formation *dans des fractions*, autre inconvénient que nous devions fans doute faire tous nos efforts d'éviter, à caufe de l'influence immenfe que les étalons des liquides & des poids ont fur les mefures des longueurs, qui font tous les jours l'objet des calculs du commerce général de la fociété. 3.° Mais la difficulté principale, & que nous avouerons nous avoir coûté le plus de peines & de recherches, ça été celle qui fubfiftoit toujours, malgré tous les changemens & les opérations que nous pouvions faire pour trouver le meilleur étalon des longueurs, à l'égard de l'analogie de ces mêmes longueurs aux mefures des tems, & à la détermination de ces dernières mefures par les longueurs ; *chofe très-effentielle*, & qui a occafionné jufqu'aujourd'hui aux phyficiens, aux aftronomes, aux mathématiciens, & à tous les gens de lettres & artistes, ainsi qu'aux amateurs des sciences & des arts, des calculs, & des pertes de tems infinis, sans avoir même presque jamais pu parvenir à rien déterminer aussi au juste, que nous l'avons fait par les régles que nous indiquons; *graces à Dieu!* nous sommes enfin parvenu à applanir cette difficulté, par la fixation de l'étalon d'un demi travers de main, tel que nous le désignons, *un peu petit à la vérité, mais d'une utilité qui n'a point de bornes!* Quand nous n'aurions jamais rendu d'autre service à l'humanité que celui de lui indiquer un pareil étalon, & qui répondit d'une manière aussi marquée *aux mesures des tems, & à mille usages avantageux*, nous croirions avoir rempli d'une manière assez signalée la tàche que tout citoyen doit à la société générale. 4.º Mais tout esprit éclairé, & tout homme impartial trouvera qu'au fond, il importe peu que l'étalon de la mesure des longueurs ne soit pas plus grand qu'un demi travers de main, puisqu'il peut remplir l'objet auquel il est destiné aussi bien & mieux que tous les autres poids & mesures actuelles ; en effet : si dans l'usage ordinaire il est question d'une mesure des longueurs plus grande, il ne s'agira que de l'énoncer *par des multiplications d'étalons*, ainsi que nous l'avons établi dans la seconde partie. Nous ne nous répéterons pas à cet égard.

De tout cela il résulte, qu'encore que le nouvel étalon des longueurs que nous proposons, ne soit pas aussi grand que le pied, ou que le sont la plûpart de ceux qui sont établis aujourd'hui, il n'est pas moins propre à remplir l'usage de ces dernières ; indépendamment de cela, il en résultera une nombre infini d'avantages, dont nous n'avons pu détailler qu'une foible partie dans le cours de cet ouvrage, & que l'expérience journalière qu'on en fera, aura lieu de justifier encore mieux que tout ce que nous pourrions dire à ce sujet.

On nous dira en second lieu, que fi l'unifor°
mité des poids, mefures & inftrumens de ma°
thématiques, telle que nous la propofons, avoit
lieu, cela introduiroit *un changement & une ré-*
volution confidérable dans toutes les fciences,
principalement dans les mathématiques, la géographie, & la phyfique, qu'il faudroit pour ainfi
dire récommencer à traiter, ainfi que dans plufieurs arts & profeffions.

Nous répondons à cette objection, que nous
ne difconvenons pas du changement & de la révolution que produiroit l'exécution de notre ouvrage dans toute les fciences, arts & profeffions;
mais nous difons que ce changement ne feroit
point défavantageux, qu'il feroit au contraire très
falutaire; la preuve en eft confignée dans tout
ce que nous avons dit dans le cours de cet ouvrage. Il eft certain qu'il eft beaucoup plus
aifé de nommer à l'avenir tous les poids & mefures de tous les pays *par trois étalons* feulement,
que par plus 500 MILLE qu'il y a, & qui ne
font que charger la mémoire, embrouiller, &
produire une confufion très-grande; furtout, fi
comme nous l'avons prouvé, & comme l'expérience le confirmera encore mieux, ces trois étalons que nous avons inventé, rempliffent l'objet
& la valleur de tous les poids & mefures encore
mieux que ces 500 MILLE ET AU DELA, qui fubfiftent actuellement. Qu'importe qu'on introduife
quelque changement dans les fciences, arts &
profeffions, fi ce changement n'eft operé *qu'en*
mieux, & pour les perfectionner. C'eft, à notre
avis, le but à peu-près de tous les livres nouveaux qui paroiffent fur toutes les branches des
fciences arts & profeffions. Si ces livres ne font
que confacrer des abus, des préjugés, des défordres & des erreurs anciennes & invétérées, s'ils
n'y produifent aucune variation, *s'ils n'ofent pas*
dire la vérité, s'ils ne perfectionnent rien, il ne
valloit pas la peine de les faire; & ils ne man-

quent pas non plus de rentrer ordinairement *dans la poussière*, où ils pouvoient bien rester, & d'où ils ne méritoient pas de sortir.

On insistera, qu'il faudroit récommencer à traiter dans les formes, la plupart des sciences, arts & professions, en y nommant suivant la nouvelle méthode, toutes les mesures des tems, des longueurs, des continences & des pésanteurs.

Nous répondons, qu'il seroit sans doute bien à désirer que cette opération fut exécutée pour chaque science, art & profession, par les gens les plus éclairés & les plus habiles qu'il y ait, surtout par les auteurs, non pas les plus intriguants comme cela arrive, & dont la rénommée n'est souvent qu'éphémére, & les ouvrages *des fourmillières de paradoxes;* mais par les gens les plus consommés dans chaque partie, principalement par ceux qui ont donné des preuves de leur sçavoir dans le genre de science qu'on leur confie, par la publication des meilleurs ouvrages, & qui ont généralement obtenu le suffrage du public. Il est étonnant, avec quelle confusion, & avec quel désordre, on a souvent traité jusqu'aujourd'hui la plupart des sciences? Telle personne qui veut s'instruire dans une de ses branches, est souvent obligée de consulter un grand nombre d'auteurs, qui ne présentent souvent, parmi quelques vérités qu'ils disent, que des erreurs, des faux principes, des inconséquences & des contradictions de toutes les espèces, dans lesquelles ces vérités sont noyées. Après y avoir employé une partie de sa vie, qu'à-t-on ordinairement appris dans cette science? *Rien autre chose qu'à douter, & à n'en porter de jugement que presque par conjectures.* Non seulement l'introduction des nouveaux poids, mesures, & instrumens de mathématiques ne nuiroit pas aux nouveaux traités qu'on feroit, *non pas en forme de Dictionnaires, mais par ordre de matières*, de toutes les sciences, arts & professions, mais elle leur feroit fans contredit du plus grand fecours; tels ob,ets, qui ne pouvoient ci-devant être exprimés que dans plufieurs pages, le feroient fouvent, au moyen de la nouvelle méthode des poids & mefures que nous propofons, *dans peu de lignes*.

Il ne refte plus qu'une derniere objection à ré- *foudre; la voici:* c'eft, *nous dira-t-on*, que le produit du privilège exclufif de la confection & de la vente des nouveaux poids, mefures, in- ftrumens de mathematiques, & de l'établiffement des marques libres ou de rigueur des objets de fabrication ordinaire & des douanes, feroit une nouvelle charge a ajouter au poids onéreux des impofitions qui font établies dans la plupart des pays.

Nous nous faifons un devoir de fatisfaire à la difficulté, & nous répondons, qu'il feroit très difficile, pour ne pas dire *impoffible*, que tous les poids, mefures & balances fuffent rendus uniformes dans tous les Royaumes, Empires, Ré- publiques & Etats de l'Europe & du monde, & que la régularité de toutes chofes s'y maintient toujours & partout, fans altération, *fi une per- fonne unique, telle que le Souverain*, ou dans les Républiques, *le fifc*, n'en avoit pas *le privilège exclufif*, & fi les parties *du tout*, ne fe rappor- toient pas *à une volonté unique, & à un feul maitre, comme à une centre commun*; s'il en étoit autrement, on verroit bientôt, n'en doutons point, *naître & fe développer un nouveau chaos*, fur le fait des poids, mefures & balances, ainfi que fur le fait des marques libres ou de rigueur des objets de fabrication ordinaire & des douanes, *lequel différeroit peu de celui qui exifte préfen- tement*.

Mais le produit, quel qu'il foit, du privilège exclufif mentionné, *ne feroit pas pour ainfi dire, une nouvelle charge pour les peuples*; c'eft de quoi nous allons tâcher de fournir la preuve.

En effet : Nous diftinguons deux fortes d'impofitions, fçavoir, celles que nous appellerons propres, & les impofitions impropres.

Par impofitions propres, nous entendons celles qui font levées directement au nom du Prince, fur les citoyens, fans échange de chofes réelles & vifibles qui en tiennent lieu, fi ce n'eft de la juftice, de la fûreté & de la protection dont il s'engage de les faire jouir, mais que trop fouvent ils comptent pour rien, furtout lorfque ces fortes d'impofitions font, par ce même motif, multipliées à l'infini, tandis que les peuples ne jouiffent que très-imparfaitement de ces avantages. Une vice qui a lieu, c'eft que trop fouvent on ne demande de l'argent qu'à ceux des fujets qui n'en ont point, ou bien, qui en ont très-peu, tandis que ceux qui ont le fuperflu de beaucoup, font exempts. Telle eft en France le produit de la fubvention, de la taille, des vingtièmes, du timbre, des gros frais qu'il faut faire pour obtenir la juftice, qui par-là devient nulle, de la taille d'induftrie & d'autres ; en Empire, le Kreisgeldt, & d'autres.

Par impofitions impropres, nous entendons celles qui font levées contre un échange quelconque de chofes réelles, foit en marchandifes, en droits utiles, ou en d'autres objets pareils ; tel eft en France & ailleurs, le produit du Privilége des poftes, des meffageries, & d'autres établiffements femblables.

En revenant à la propofition que nous avions à établir, nous conviendrons que, fi le produit du nouveau privilège exclufif étoit de la nature des impofitions propres, il pourroit être régardé comme une nouvelle charge, perfonne n'aimant naturellement de donner de l'argent, lorfqu'il n'en voit pas fenfiblement l'équivalent ; mais qu'il en feroit bien autrement, s'il étoit de la nature des impofitions *impropres*.

Certainement, fi en vue de foulager les peuples, on fupprimoit en France, l'établiffement actuel des poftes & des meffageries, qui rapporte annuellement à l'Etat, neuf à dix millions de li-vres, fans y comprendre la franchife de toutes les depéches de la cour, & celle de toutes les perfonnes concourantes à l'adminiftration générale, évaluée à prefqu'autant, en laiffant la liberté à tout le monde de faire fes envois de lettres & d'effets comme ils le jugeroient à propos, *loin d'avantager les citoyens, on ne feroit que leur nuire*, indépendemment de ce qu'en fupporteroit l'état méme, parcequ'outre le dommage confide-rable qui réfulteroit de cette fuppreffion pour le commerce, l'induftrie & bon ordre général, *il en couteroit beaucoup plus pour ces objets à chaque citoyen.*

Or, c'eft précifement dans la claffe *des impo-fitions impropres que doit être rangé le produit du privilége exclufif* de la confection & de la vente des poids & mefures, inftrumens de ma-thématiques, & de l'établiffement des marques libres ou de rigueur des objets mentionnés de fa-brication ordinaire, & des douanes; ce produit quel qu'il foit, *au lieu d'être onéreux*, ne feroit au contraire, ainfi que celui du privilége des po-ftes & des meffageries, *que la jufte récompenfe pour chaque Souverain & Républ ique*, à qui il plairoit d'exécuter notre préfent ouvrage, *d'un Etabliffement de bien public avantageux & très défirable.*

Ce n'eft, à notre avis, que par des opérations femblables à celles que nous avons détaillé, qu'on parviendra à rendre tous les poids & me-fures de tous les royaumes, empire, républiques & états de l'europe & du monde, fixes, invariables & uniformes; qu'on fe défabufe des preftiges du vain préjugé, que cet Etabliffement eft une chofe impraticable, puifque nous fommes en état de citer des fouverains, ou l'uniformité générale des poids & mesures dans leurs Etats, à été exécutée fans difficulté, & avec les plus grands avantages pour leurs fujets. Comme il eft néceffaire qu'on pefe, qu'on mefure & qu'on toife d'un moment à l'autre, il nous paroit qu'il feroit effentiel que la loi dont il s'agit reçut fon activité dans un moment, & que tous les anciens ufages fuffent dans ce moment là même annullés & profcrits. Les opérations détaillées ne feroient pas peu propres non plus, à éviter à l'avenir les contrefaçons qui fe font tous les jours, & tant de tromperies, de fubtilités, de vols & de brigandages, auxquels le Public eft auffi impérieufement que malheureufement affujetti.

TEL EST LE PRÉCIS de nos idées & de nos récherches fur la fixation des nouveaux étalons, fur la réduction à une parfaite uniformité de tous les poids & mefures, & fur la manière la plus fimple d'en former l'Etabliffement en France, ainfi que dans tous les autres Royaumes, Empires, Républiques & Etats grands & petits de l'Allemagne, de l'Europe & du monde entier, avec moins d'inconvéniens. Il feroit fuperflu de nous étendre fur l'utilité des objets mentionnés, laquelle eft partout réconnue. Nous foumettons ces reflexions aux profondes lumières de tous ceux à qui il appartient d'en décider; nous leur laiffons à en apprécier la valleur, & à y fuppléer; nous ferons au comble des

voeux , que cette production réponde aux
vues de bienfaifance , de fageffe & de
perfection dont la plupart des Souverains,
Républiques , & leurs miniftres ou Confeils, font animés. Nous efpérons que
notre travail ne leur fera pas indifférent,
& qu'il leur fera d'autant plus agréable,
& AU PUBLIC, que le bien & l'interêt
générals y font ESSENSIELLEMENT
LIÉS.

FIN.

À Strasbourg, de l'Impr. de P. J. Dannbach.

www.ingramcontent.com/pod-product-compliance
Lightning Source LLC
Chambersburg PA
CBHW060343200326
41519CB00011BA/2020